高等教育艺术设计系列教材

U0360074

商业空间设计

（第2版）

主　编　肖友民

副主编　郑春烨　周梦琪　黄兵桥　王梓诺　杨志樊

清华大学出版社
北 京

内 容 简 介

本书通过大量案例,以图文并茂的形式讲解了商业空间设计中的很多具体操作细节及设计方法,具体内容包括商业空间和商店卖场的概念、商店卖场的设计理论和设计内容、商店卖场的室内设计、商店卖场的室外设计、商店卖场的广告设计及活动促销、部分类别商业空间的设计案例介绍、商业空间的设计程序及对设计师的基本要求。

本书既可以作为高校环境艺术设计相关专业学生的教材,也可以作为环境艺术设计从业人员的参考书。

图书在版编目(CIP)数据

商业空间设计/肖友民主编.—2 版.—北京:清华大学出版社,2023.6(2025.3重印)
高等教育艺术设计系列教材

ISBN 978-7-302-63717-2

Ⅰ.①商…　Ⅱ.①肖…　Ⅲ.①商业建筑－室内装饰设计－高等学校－教材　Ⅳ.①TU247

中国国家版本馆 CIP 数据核字(2023)第 099617 号

责任编辑:张龙卿
封面设计:曾雅菲　徐巧英
责任校对:袁　芳
责任印制:沈　露

出版发行:清华大学出版社
　　　　网　　　址:https://www.tup.com.cn,https://www.wqxuetang.com
　　　　地　　　址:北京清华大学学研大厦 A 座　　　　　　邮　　编:100084
　　　　社 总 机:010-83470000　　　　　　　　　　　　　邮　　购:010-62786544
　　　　投稿与读者服务:010-62776969,c-service@tup.tsinghua.edu.cn
　　　　质量反馈:010-62772015,zhiliang@tup.tsinghua.edu.cn
　　　　课件下载:https://www.tup.com.cn,010-83470410
印 装 者:三河市铭诚印务有限公司
经　　　销:全国新华书店
开　　　本:210mm×285mm　　　印　　张:9.75　　　字　　数:256 千字
版　　　次:2012 年 1 月第 1 版　2023 年 6 月第 2 版　　印　　次:2025 年 3 月第 3 次印刷
定　　　价:69.00 元

产品编号:102045-01

第2版前言

习近平总书记在党的"二十大"报告中指出：教育、科技、人才是全面建设社会主义现代化国家的基础性、战略性支撑。必须坚持科技是第一生产力、人才是第一资源、创新是第一动力，深入实施科教兴国战略、人才强国战略、创新驱动发展战略，这三大战略共同服务于创新型国家的建设。

本书的第1版出版后受到很多院校的欢迎。本书作为第2版，在第1版的基础上进行了优化，删除了过时的内容及图片，增补了新的发展理念及相关资料和图片。

商业空间设计是指根据商业建筑的使用性质、所处环境和相应标准，运用物质技术手段和建筑美学原理，创造功能合理，并满足人们物质生活和精神生活需要且舒适优美的商业环境。

随着经济的发展，国家实行的"中部崛起""西部大开发"的经济发展战略为商业空间设计提供了前所未有的发展机遇。建筑装饰行业的发展以及城市化进程的加快，提高了社会对商业空间设计人才的要求。但是目前商业空间设计人才的培养及培训工作相对滞后，行业人才素质相对偏低，这种状况是由于国内商业空间设计起步、发展比较晚，市场比较混乱等原因造成的。随着国内商业空间设计市场的日趋完善以及人们对高质量生活的追求，要求设计人才必须经过系统的训练，具备一定的实践经验，才能设计出满足消费者需求的商业空间环境。只有把商业空间设计作为长期发展的目标，才能使我国的商业空间设计向一个良好的方向发展。

编者在高校从事商业空间设计的研究、教学及实践工作多年，在商业空间设计方面积累了较多的经验和心得，近年来陆续在相关学术刊物上发表过多篇涉及商业空间设计各方面的研究心得及调研活动的成果。本书的编写是对自己近年来商业空间设计教学及研究工作的一个阶段性总结，也希望为推动我国商业空间设计的发展，以及为商业空间设计师的培养作出一点贡献。

本书由肖友民担任主编，郑春烨、周梦琪、黄兵桥、王梓诺、杨志樊担任副主编，本书的编写得到了广大同行的大力支持，特别感谢杭州至悦空间设计有限公司、湖南思艺堂装饰设计有限公司、湖南新思域装饰设计有限公司、广西南宁华尔兄弟设计工程有限公司、深圳市朗昇环境艺术设计公司提供的很多相关资料并参与部分内容的编写。本书除了封面参编者以外，曾艳芳、张樱、于潇、王珊等人也参与了部分内容的编写工作，在此一并表示感谢。另外，本书参考了大量的图片，在此也对提供相关图片的作者表示衷心的感谢！

编　者

2023 年 2 月

目　录

第1章
商业空间和商店卖场的概念

1.1 商业空间的沿革和分类

商业空间是历史和社会发展的产物,也是历史和社会的重要组成部分。商业空间作为公众重要的购物场所、社交场所和休闲场所,与社会的发展进程、消费者消费趣味的变化、社会文化的变迁、时尚的更替都有着紧密的联系。

1.1.1 商业空间的沿革

一个城市的形成和发展在很大程度上是由商业的催生完成的。古代商业的生成源于人的基本生活行为,商业建筑空间便是在人对商业行为的需求中产生的,从而产生了"市",如图 1-1 所示。"市"即为交易、集中买卖货物的场所。

⊕ 图 1-1

随着交易双方的变化发展,必然导致其载体——店面产生,这样简单的商业建筑空间就开始形成了。当这种简单的商业建筑空间逐渐多起来后,向左右延伸就可以形成进深不大的"街"。由这种"街"又形成了连片的商业街,进而有了固定的市镇,形成了集市,如图 1-2 ~ 图 1-4 所示。到北魏、东魏时期,城市布局中产生了专门为商业服务的东、西二市,奠定了商业建筑空间的发展基础。

⊕ 图 1-2

● 图　1-3

● 图　1-4

　　隋唐以前的统治阶级历来实行"重本抑末"的政策，不允许商业过度发展，隋唐以前实行坊市制。它是在政治因素约束下的产物，具有集中性、内向性和封闭性。仅有的商业区还管理严格，有以下规定："凡市，以日午击鼓三百声，而众以会；日入前七刻，击钲三百声，而众以散。"

　　唐代长安城里除了用高大的城墙封闭整个城市以外，还分别把"坊—居住区"和"市—商业区"用围墙封闭起来。规定"民间有向街开门者杜之""五品以上者，不得入市"。"市"必须集中设置，"市"以外严禁交易，坊市里的店铺要求按规矩建成一个式样，排成一线，围成一个方阵，中央部分设市楼，属管理用房，从构筑形制到商业行为都被约束得非常严格。

　　宋代之前，城市里实行坊市制，从商业建筑的构

筑形制到商业行为都受到严格束缚。从中唐之后，坊市开始松懈，至宋代已完全瓦解，形成街市，商业行为被彻底解放出来，逐渐形成各种营销体系。民居建筑的厅堂用来接待熟客或洽谈大宗生意，属于管理用房。民居中沿街的房间分店、铺两种形式，店铺是经营销售用房。店面可挂招牌、幌子为自己大做广告；铺面用来摆放柜台，用于销售商品。而摊比店铺更为简陋，可临时设置或在店铺前搭棚子，把货物直接摆放在摊床上，顾客可开架自选，非常方便、直观。贩就是走街串巷的叫卖形式，可送货上门。到宋代，"市"破墙而出，演变成了沿街设肆，成为热闹非凡的带状商业街。宋代以后，商业的规模不断扩大，门类不断增多，行为也由单一发展成复杂，几乎涉及市民生活的各个领域，商业建筑的功能已由单一的买卖货品，发展到饮食、娱乐、旅宿等，于是诸如茶楼酒楼、伙铺饭店、青楼勾栏、猜赌戏耍、客舍货栈，以至于算命相面、灯市、庙会等许多新鲜功能都注入商业建筑之中，与原有的绸布、百货、药材、典当等货物买卖一起展现到城市之内。但此时并未产生新的建筑类型去适应新的功能，通常是以传统民居的统一格局构成了店、堂、铺、摊和流动叫卖的街市广场。既有序又生动活泼的商业建筑环境，由于历史的变迁、文化的交流，使商业逐步渗透到城市生活的各个角落。

　　在中国，"街"或"街＋场"的混合形态成为传统生活方式中最重要的公共空间模式。而在相对应的历史时期，西方是以广场的形式出现的，"广场"是西方文化中最重要的社交性外部空间形态，不但是进行商品交换的市场，也是人们举行集会、节日欢庆活动的场所，如图 1-5 所示。

● 图　1-5

随着经济社会的发展,商业建筑空间的类型也逐渐增多起来,从古代的市、集,到其中生成的门廊式商店,逐渐演变成近代的百货商店、现代的购物中心、超市、大卖场、仓储式商场、商业街、专卖店、便利店等各种商业建筑空间,如图1-6～图1-10所示。现代商业空间存在于非常活跃而且异彩纷呈的社会生活当中,充满了活力和动感,随着风云变幻的社会潮流不断更新,新的商业建筑空间模式开始更多地对城市产生影响,也进一步成为城市活力、特征和魅力的象征,使其具有综合性和多样性的特点。随着社会的不断发展,构成市场的基本条件也处在不断的发展变化之中。"需求"由买卖物品、吃与喝这些人类日常生活最基本的行为,逐渐扩展到娱乐、休闲、文化交往等,以及特殊、专业性的需求。在生活行为的这种扩展中,人们有了更多的消费行为方式,如何在城市整体建设中保持商业建筑空间的活力已经成为一个关键的问题。

❶ 图 1-8

❶ 图 1-9

❶ 图 1-6

❶ 图 1-10

❶ 图 1-7

目前城市商业建筑空间在现代全球文化思想广泛交流的历史背景下发生了很大的变化,国内外新的商业建筑空间思想逐渐得到了发展,互相之间的交流也逐渐加强。因此,商业建筑空间单纯地从物品买卖空间这点考虑,显然已不能符合时代的要求,应从城市空间、文化传播、行为心理、经济发展等方面综合考虑商业建筑空间的构建,以符合当代人们的消费行为和心理的需要。在现代商业空间里，大型购物中心是目前世界上商业零售业发展历程中较为先进的商业形态，它宣告一个新的商业时代的来临。大型购物中心颠覆了传统意义上的逛商场只是购买东西的概念，人们还可以欣赏美丽的东西，了解时尚的信息，彼此交流感情，在精神上获得极大满足的情况下，体会消费的乐趣，这就对商业空间的环境营造提出了更高、更新的要求。宽敞、功能齐全的大型购物中心代表着人们未来的购物方式和生活理念。在未来一段时间，它将作为一种主要的商业形态向着更高级、更多元、更时尚的方向发展。

1.1.2　商业空间的构成

现代商业空间主要由三部分构成，即营业部分、引导部分和辅助部分，这与传统商业空间在建筑结构上大体是一致的，只是在空间功能上更加细分，室内公共空间及中庭更加人性化，环境设计更以消费者的舒适程度及购物需求作为根本。商业建筑中的营业部分含有营业大厅、娱乐、餐饮等，如图 1-11 和图 1-12 所示；引导部分含门厅、垂直交通厅、问讯处、寄存处、步行街廊、四季厅等，实为交通枢纽空间，如图 1-13 所示；辅助部分包括库房、办公室、店员用房、货运平台等，如图 1-14 ～ 图 1-16 所示。三者紧密联系不可分割，却又有单独的出入口，各自具有独立性。这三种空间构成元素的互补性特点，保证了商业建筑的正常运行。

⊕ 图　1-12

⊕ 图　1-13

⊕ 图　1-11

⊕ 图　1-14

☩ 图　1-15

☩ 图　1-16

由于现代消费人群对于购物舒适度的要求越来越高，这就促使开发商越来越重视非营利空间，如步行街、广场和中庭的利用。步行街、广场和中庭是商业建筑空间构成的重要组成部分，如图1-17所示，而且其设计理念最能体现商业建筑的个性、特色、排他性和唯一性，是建筑空间的骨架和重点。

☩ 图　1-17

在商业建筑中，中庭和共享空间成为一种流行的空间处理方法，它起源于广场或商业街的交叉口。广场经常是与街道空间发生关系的，并作为街道的节点、转折和中心，创造供人流集散、交流的空间；同样，中庭在商业空间中既是人流交汇的枢纽，也是引导消费者进入购物空间的活动中心，并作为建筑的核心，是商业空间中不可或缺的一部分。中庭设自动扶梯和观景电梯，中庭四周是多层的商业街，商业街串联商店，而商店外围是库房，这样的模式常常有衍生体，通过步行街可能又与另外一个中庭相连接，如此周而复始，形成了一个连续的购物环境。

商业步行街作为商业建筑空间的重要构成元素，可分为外部步行街（户外步行街）和内部步行街（室内步行街）两种。户外步行街已经有很长的历史了，古老的集市就是其原形。其实户外步行街不仅限于商业用地，同时也是一种交通连接体。户外商业步行街在人类的发展历史上起着举足轻重的作用，并且由于长期的发展和传统的渗透而给人一种心理上的亲切感，同时也是消费者购物的重要地点，如图1-18所示。

☩ 图　1-18

室内步行街解决了户外步行街由于自然条件而不能全天营业的弊病，形成了一种新型的商业步行街。在整条室内步行街中，顾客可以免受气候的影响，从而形成一个舒适的全天候的步行世界。在室内步行街上不仅可以享受传统步行街所带来的购物亲切感，同时还可以穿插休息、餐饮、娱乐等休闲设施，这是集购物、休闲、舒适于一体的商业形式。

另外，商业空间中的小空间是指与大厅相比相对较小的空间，是零售空间的重要组成部分。如果说步行街、广场和中庭是商业建筑的骨架，那么这些小空间就是商业建筑的细胞，它填充了大空间的剩余部分，使建筑更加饱满和充实。另外，小空间也可以指大厅中的一部分，是大厅空间精心分割的结果，是相对独立的组成部分。总的来说，商业建筑中的小空间不仅可以起到枢纽和填补空白的作用，还可以自成体系体现特色和个性。

1.1.3 商业空间的分类

1. 按年代先后分（纵向）

（1）百货店。1856年开始营业的巴黎百货店如图1-19所示。

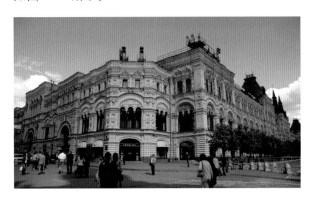

❶ 图 1-19

（2）邮购。1880年美国已经开始办理邮购业务。

（3）连锁店。20世纪20年代，美国开始出现连锁店经营模式，其他发达国家也陆续出现，如图1-20所示。

❶ 图 1-20

（4）超级市场。20世纪30年代初最先出现在美国东部地区，后来在全球获得快速发展。图1-21所示为一个现代超级市场的建筑外观。

❶ 图 1-21

（5）购物中心。购物中心最早出现于20世纪四五十年代的欧美发达国家。购物中心通常包括百货、超市、餐饮、娱乐等，如图1-22所示。

❶ 图 1-22

（6）量贩式商品市场。出现于20世纪60年代的美国。

（7）便利店。出现于20世纪80年代（24小时营业）。

（8）专卖店。20 世纪 80 年代以后，开始出现专卖店，一般专卖某种品牌的商品。

2. 按建筑规模分（横向）

（1）商业区。商业区是指城市内部全市性或区域级商业网点集中的地区。商业区一般都位于城市中心或交通方便、人口众多的地段，通常以全市性的大型批发中心和大型综合性商店为核心，由几十家甚至上百家专业性或综合性的商业企业组成。商业区的特点是商店多、规模大、商品种类齐全，可以满足消费者多方面的需要，向消费者提供最充分的商品选择余地。商业城市中的著名商业区在商业职能上的特殊性，使它在本市或外来消费者心理上占有特殊地位，不仅有商业意义，还有旅游观光意义。

（2）商业街。商业街是人流聚集的主要场所。一般采用东西方向排列，以入口为中轴对称布局，建筑立面采用了塔楼、骑楼、雨罩的元素使空间产生新的划分。室内空间既设置了集中商业，又有零散店铺，这是西方现代大规模商场与中国传统商铺的有机组合。按照商业街经营的商品类型，可将商业街分为专业商业街和复合商业街。专业商业街商铺往往集中经营某一类（种）商品，如有建材商业街、汽车配件商业街、酒吧街、休闲娱乐街等；复合商业街商铺对经营的商品不加确定，经营者可以按照自己的设想去随意经营，如北京西单商业街、北京西城区的大都市街等。

（3）商业中心。商业中心是指担负一定区域的商业活动中心职能的城市，或一个城市内部商业活动集中的地区。商业中心是各类商业、金融、办公、娱乐、宾馆等机构高度密集之地，由于商业中心生活服务设施完善，生活便利，故在发展中国家往往最能吸引市民定居，使商业中心常住人口密度极大；另一方面，商业中心处于城市心脏地带，能吸引全市乃至外地顾客前来消费，也使商业中心流动人口十分密集。

（4）大型商场。大型商场的类型主要有大型超市、百货商场和购物中心。

① 大型超市。这种卖场的特点是占地面积大，地理位置远离中心城区，产品品种以快速消费品和日用品为主，产品价格相对大众化，面向的消费对象是普通的市民，如永辉超市、卜蜂莲花、沃尔玛、乐购等，如图 1-23 所示。

⊕ 图　1-23

② 百货商场。这种卖场一般都设在繁华地带，地理位置紧靠中心城区，主要产品以中、高档且耐用的消费品（服装、首饰珠宝、化妆品等）为主，产品价格较高，针对的是一些有消费能力的市民，如王府井百货、金鹰购物中心等，如图 1-24 所示。

⊕ 图　1-24

③ 购物中心。购物中心不仅是一种零售业形式，而且是一种生活方式和消费模式，是经济发展、人们消费水平提高的必然结果，是商业零售业发展历程中一种更高级的形式，它能最大限度地适应人们生活方式的改变并满足现代消费的多种需要，它

比单一零售业态更具备多种功能和综合优势。现在也有越来越多的大型超市将卖场建成购物中心，在传统的销售日用品、生鲜食品等的基础上引入联销租赁形式，腾出一整层楼面租给品牌服饰、快餐店、手机连锁店等，使消费者不出卖场，即可享受到传统的大型购物中心一站式服务。而相对应地，很多商场也引入了自由选购的形式，将相当大一部分面积作为超市。

（5）专卖店（专业卖场）。专业卖场是近几十年来出现的以销售某品牌商品或某一类商品的专业性零售店（卖场），以其对某类商品完善的服务和销售，针对特定的群体而获得相对稳定的顾客。大多数企业的商品专卖店还具备企业形象和产品品牌形象的传达功能。

专业卖场可以划分为家居卖场（如宜家家居，如图1-25所示）、建材卖场（如建配龙）、运动品卖场（如迪卡侬）。

↑ 图 1-25

1.2 商店卖场概述

1.2.1 商店卖场的概念

商店卖场不同于一般意义上的商店，多数情况下是指商品（服务）专卖、专售商店。卖场的名称源于日语"壳场"，是指比较大的出售商品的场所。而英文Mall的全称是Shopping Mall，音译分别为"摩尔"和"销品贸"，意为大型购物中心，属于一种较新的复合型商业形式。西方国家也称为Shopping Center，即"购物中心"，但和国内通常所指的购物中心（实为百货店的另一种称呼）含义不尽相同。Mall特指规模巨大，集购物、休闲、娱乐、饮食等于一体，并包括百货店、大卖场以及众多专业连锁零售店在内的超级商业中心。

其他与Center、Mall相似的常见英文名词还有Plaza、Galleria，具有长廊、广场、庭院的特点，就是在建筑物的遮蔽下，不论天气如何，都可以进行休闲、购物或聚会。Shopping + Center 或 Shopping + Mall中两词的结合，表示出购物空间带给消费者愉悦的感受，也区分出百货公司（Department Store）只是针对货品进行分门别类的商店，是无法提供如漫步在长廊、广场、庭院般悠闲的购物享受。

1.2.2 商店卖场的重要性

将品牌理念和产品传递给消费者的关键性载体就是商店卖场。每一个品牌的商店卖场都应个性鲜明，具有视觉冲击力，消费者都是首先被卖场设计本身所吸引，并且感受到设计透露出的鲜明品牌理念，进而开始关注它销售的产品，从而使得每一个品牌的推出都能很快地吸引一部分支持它的消费人群。

尽管各品牌的商店卖场设计对其产品的销售起着举足轻重的作用。但产品设计理念的传递会受到产品体量和陈列方式的局限性，如果仅仅依靠单个产品本身是很难很快地吸引消费者的。而卖场设计就在各自的品牌特性传递中起到了至关重要的作用。商店卖场以戏剧化的场景准确地传递着品牌精神，帮助消费者找到自己所需的商品，使商店卖场形象具有情感化特点，成为与消费者沟通的桥梁和中介，将品牌的理念传达给消费者，使营销更加省力和高效。理想的设计是让顾客在卖场外面都能被强烈的特征化场景所吸引，如图1-26和图1-27所示。

成功的商店卖场设计能够从视觉设计的角度优化品牌卖场形象的设计和管理，因此，从品牌形象、产品风格和色彩等方面进行商店卖场设计是产品营销的重要环节。

🔯 图 1-26

🔯 图 1-27

思考练习题

1. 简单说明商业空间是怎样发展形成的。

2. 简述商业空间的构成要素。

3. 简单说明商店卖场的概念及作用。

第 2 章
商店卖场的设计理论和设计内容

商店卖场是一种生态系统,良好的购物环境能使人在置身其中时倍感轻松和愉快。要营造一个现代、时尚并具有一定品牌号召力的商店卖场,商店卖场的设计就必须能够准确地表达卖场的商业定位和消费心理导向。商业建筑的内外部要进行统一的设计处理,其设计风格应具有统一的概念和主题。商店卖场的外观设计直接反映了商店卖场的主题与定位,带有一定的商业地标性色彩。外观设计的效果应能使人们感受到商店卖场的环境品质,其选材与装饰结构都应围绕这一原则展开,并根据不同的商业定位来决定外立面的装饰材质、形式结构等,这就要求在商业资源的吸纳、定位、重置及重组的过程中,始终贯穿全新的设计概念。商店卖场一旦拥有了明确的主题,所起到的传播效果及吸引力就会大大增强。

2.1 商店卖场的设计理论

2.1.1 注重对顾客的导向性

随着经济市场化进程的日益加快,国际和国内市场环境发生了剧烈的变化——结束了卖方市场和短缺经济的局面,迎来了买方市场和过剩经济。决定卖场经营何种产品的主要因素已不再属于生产者,而是属于消费者。在卖场与消费者的关系上,消费者是起支配作用的一方,卖场的设计应根据消费者的意愿及感受来安排,并尽可能地满足顾客需求,如图 2-1 和图 2-2 所示。因此,卖场在设计过程中就应该及时了解、研究、分析消费者的需要和

欲求,要以消费者为中心,把顾客和卖场双方的利益无形地整合在一起。

↑ 图 2-1

↑ 图 2-2

卖场的设计必须广泛认同"顾客就是上帝""一切以顾客为中心""要求最大顾客满意度"等顾客导向的观念,并将之应用于卖场设计和经营实践中。卖场通过实施顾客导向战略,可以帮助顾客迅速了解相关商品,从而提高顾客的满意度,扩大产品的销售量,如图 2-3 和图 2-4 所示。

❂ 图 2-3

❂ 图 2-4

2.1.2 注重消费者参观、浏览商店卖场的特点及消费心理

在卖场的设计中,必须要注意到消费者对卖场的参观、浏览商品及其消费的心理,这样才能知道消费者真正的需求是什么,才能知道在设计中应该怎样去满足这些需求,哪些设计能够满足这些需求。在设计中必须做到以下几点。

1．方便消费者出入

商店卖场的设计必须时时思考如何让消费者很容易、很自然地进入店中。作为一家卖场,虽然产品丰富、价格便宜、服务亲切,但如果不能吸引顾客进来,那就是一个失败的设计。消费者只有进入了卖场,才会发现其优点,才有消费的机会,所以卖场必须便于消费者出入,如图 2-5 和图 2-6 所示。

❂ 图 2-5

❂ 图 2-6

2．让消费者停留得更久

据统计，为买特定的某些商品而到商店卖场去的人只占约30%。换句话说，在消费者所采购的商品中，有70%是属于冲动性的购买，即消费者本来不想购买这样的商品，却在闲逛中因受商品的内容、店员的推销、商品的包装或正在举办的特卖等因素影响而购买。所以消费者在进入了商店卖场的时候，商店卖场便已展开销售的行为，此时必须遵循的原则是如何让消费者在店里面停留得更久，消费者停留得越久，会买得越多。为达到此目的，设计要从两方面着手。

（1）创造"情境"，也就是要创造消费者愿意留下来的情境。据调查，卖场设计要注重两个重要因素，"明亮的空间环境"与"商品陈列简洁有序"。此外，如良好的空调、音响，亲切的服务态度也是消费者愿意久留的原因，如图2-7～图2-9所示，这样，卖场将会获得不少消费者的肯定。

图 2-7

图 2-8

图 2-9

（2）排除"不适"，即要排除让消费者在卖场感觉到不舒适感的地方。例如，通道太窄，消费者在选购商品时常会受到他人挤、撞的影响；又如音响过于嘈杂、粗俗，服务人员的态度不佳等，都无法让消费者久留，这样消费者冲动购买的概率自然会减少，商店卖场也就减少了销售机会。

3．最有效的商业空间

最有效的商业空间是合理规划交通流线，并在购物过程中让消费者感受到乐趣。交通流线就是一个流动的空间，既要考虑顾客的空间，又要考虑服务的空间，还要考虑商品的空间。空间和空间之间有一定的序列关系，序列布置的原则是增加营业额，降低成本。因此，如果采用环线贯穿整个卖场，可以将人流带向各个不同产品区域并关注商品，而没有死角（视觉死角），没有障碍，没有不方便，没有不舒服，没有迷路的困惑，让顾客安全地行走。总之，使人愉快、舒适地在不知不觉中逛遍整个店面的每个角落，如图2-10和图2-11所示。

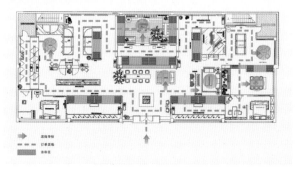

图 2-10

图　2-11

4．营造最佳的销售气氛

在消费意识高涨的时代,消费者的认同已从单独的商品转移到对商店卖场的整体印象。一般而言,销售气氛的创造,要从商店卖场的陈列展示、色彩、灯光着手。卖场的灯光、色彩应列入企业的整体识别体系,这样才能创造出自己独特的风格。

2.1.3　注重卖场的设计效果

1．便利顾客,服务大众

商店卖场内部环境的设计必须坚持以顾客为中心的服务宗旨,满足顾客的多方面要求。今天的顾客已不再把"逛商场"看作一种纯粹性的购买活动,而是把它作为一种集购物、休闲、娱乐及社交为一体的综合性活动。因此,商店卖场不仅要拥有充足的商品,还要创造出一种适宜的购物环境,使顾客享受到最完美的服务。

2．突出特色,便于经营

商店卖场内部环境的设计应依照经营商品的范围和类别以及目标顾客的习惯和特点来确定。以别具一格的经营特色,将目标顾客牢牢地吸引到商店卖场,使顾客一看外观就驻足观望,并产生进店购物的愿望;一进店内,就产生强烈的购买欲望和新奇感,如图 2-12 ～图 2-14 所示。

图　2-12

图　2-13

图　2-14

3．提高效率,增长效益

商店卖场内部环境设计科学,能够合理组织商品经营管理工作,使进、存、运、销各个环节紧密配合,使每位工作人员都能够充分发挥自己的潜能,节约劳动时间,降低劳动成本,提高工作效率,从而增加企业的经济效益和社会效益。

2.1.4 流动空间的设计原则

商店卖场在格局上有别于其他空间形式。商店卖场的布局设计不仅要满足品牌陈列的要求,而且要考虑到品牌与品牌之间、区域与区域之间、品牌与卖场之间的过渡和联系,使品牌陈列既可满足要求,同时又能使品牌成为卖场有机的组成部分。商店卖场内部流动空间设计时,第一要注重内外沟通、脉络清晰;第二要注重立体人流的自然顺畅、平均分配关系,商店卖场设计要尽量增加客流量,把能够吸引顾客的两个陈列部分尽量分开,将其他陈列部分安排在它们之间以增加客流量;第三要避免盲区和人流死角;第四要合理设置通道的宽度。

1. 人员的流动

根据现在的商店卖场的布局来说,顾客通道设计是否科学直接会影响顾客的合理流动,一般来说,通道设计有以下几种形式:①直线式。又称格子式,是指所有的柜台设备在陈列时互成直角,构成曲径通道。②斜线式。这种通道的优点在于它能使顾客随意浏览,气氛活跃,易使顾客看到更多商品,增加更多的销售机会,如图2-15所示。③自由滚动式。这种布局是根据商品和设备特点而形成的各种不同组合,或独立,或聚合,并没有固定或专设的布局形式,销售形式也不固定。例如,利用店面过道等空间树立可移动的立体广告物;外派形象小姐或由人装扮的可爱动物与顾客沟通;在顾客流通的地方（如电梯和走廊）设置动态的POP广告,将广告造型借用马达等机械设备或自然风力进行动态的展示。

2. 展品的流动

有效利用商品自身的物理、化学等特性,使其进行运动,在运动中展示商品自身的特色。如玩具汽车的展示可突破静态放置,将汽车放置在沙盘上,或举办玩具竞赛等。

↑ 图　2-15

运用一些特殊的动态展架,使商品放在上面可以有规律地运动、旋转,还可以巧妙地运用灯光照明的变换产生静止物体动态化的效果,巧妙变化和闪烁或是辅以动态结构的字体,能产生动态的感觉,如图2-16所示。此外,也可在无流动特性的展品中增加流动特征,如图2-17所示。

↑ 图　2-16

☝ 图　2-17

3．展具的流动

通过自动装置使展品呈现运动状态，常见的运动展具有：①旋转台。台座装有电动机，大的旋转台可以放置汽车，小的则可放置饰品珠宝、手机、计算机等，其好处在于观众可以全方位地观看展品，无论观众处于什么位置观看，机会都是均等的，这样可以提高展具的利用率，充分发挥其使用价值。②旋转架。旋转架主要是在纵面上转动，其好处在于可以充分利用高层空间。③电动模型。电动玩具、人形、动物、机器和交通工具均可做成电动模型，使之按照展示的需要而运动，如穿越山洞的火车、跨越大桥的汽车、发射升空的火箭、林中吼叫的鸟兽等，可以以小见大，营造活跃的气氛，提高消费者的观感和乐趣。

4．空间流动

空间流动主要分为两类：一是虚拟的空间流动。通过高新科学技术影像等手段形成一种空间上的变化，使空间成为一种流动的空间，使人感觉在里面穿梭仿佛就在空间中漫游一样。二是现实的空间流动。比如整个展厅的旋转、广告宣传车的四处宣传，这些都使展品和观众更接近，从而更好地为产品做宣传。

现代展示陈列应该丢掉以前单一展示产品的做法，营造完整的人性化空间，它必须具备几个展示空间：一是商品空间，如柜台、橱窗、货架、平台等；二是服务空间；三是顾客空间。在整个展示空间中调动一切可能配合的因素，在造型设计上尽量做到有

特色，在色彩、照明、装饰手法上力求别出心裁，在布置方式上将展示陈列生活化、人性化和现场化，在参观方式上提倡观众动手操作体验，积极参加活动并形成互动，还可以在展区内设立招待厅、休息区或赠送小礼品，以及发送宣传手册等灵活多样的服务，使整个展示空间和过程完整，使人感觉不是在观看商品展出，而是一种享受，如图 2-18 ～ 图 2-21 所示。

☝ 图　2-18

☝ 图　2-19

☝ 图　2-20

● 图 2-21

2.1.5 商店卖场的设计风格

1. 时代风格

一个时代的科学水平和文化观念、审美意识和价值取向在通过设计体现出来的时候，就形成了设计的时代风格。手工业时期，设计的时代风格表现为产品的特征，如追求装饰、讲究技巧等。大工业机器生产的出现，使人们更加追求设计的功能，比如追求简洁造型、功能结构和几何形式等，充分表明了基于大工业生产条件下人们新的美学观念和文化意识，如图 2-22 和图 2-23 所示。

● 图 2-22

2. 民族风格

设计的民族风格是一个民族的文化传统、审美心理、审美习惯等在设计上的体现，人类的一切设计

● 图 2-23

无不深深打上民族的烙印。民族风格是民族气质和精神的表现，它的形成往往取决于由来已久的历史沉淀和观念的凝练，从这个角度来说，它是相对稳定的。但同时，时代风格的影响也使其融入了更新和调整的因素，要求设计必须以适应时代发展的形象来表现，所以，民族风格也是不断变化的，如图 2-24 和图 2-25 所示。

● 图 2-24

● 图 2-25

3．产品风格

产品风格形成了产品特有的精神功能,体现了产品的内在品质与外在质量相一致、相统一的完美结合。作为最基本也是最直接的表现形式,人们正是通过产品风格来认知民族风格和时代风格的,它的形成、变化和发展受到时代风格和民族风格的影响,同时,也对时代风格和民族风格的形成具有一定的作用。

从设计风格的构成内容中已不难看出,设计风格的更替和变化实际上就是时代风格、民族风格和产品风格互为作用的结果。在设计实践中,要追求完美的风格特征,就必须充分考虑到三者的综合影响,应有机地转换和调整它们之间的比例关系,从而达到既有特色又不失整体的境界。

例如,E·LAND(依恋)是韩国的著名成衣品牌,在进入中国大陆以前,此品牌服饰一直出口美国,也因此成为植根于美国传统文化的品牌,强调经典和传统,定位在美国大学校园风格,期望成为年轻人引以为豪的品牌。可以看到 E·LAND 的卖场设计运用了田园风格常常使用的白色书柜作为产品的主要陈列载体,整个卖场就像是一所古老大学的读书室,透出浓浓的学院气质,干净典雅,怀旧的氛围让人脑海里马上浮现出宁静古朴的西方校园的景象。

E·LAND 集团的服装都具有欧美不同时期的传统经典风格,它们或知性,或高贵,或可爱,或浪漫,所以在 E·LAND 的很多卖场都用带有欧式传统特征形式的柜子作为陈列,有英式田园的,也有美式乡村的,不同之处只是在于配合不同的装饰细节透露出各自的特点,在体现 E·LAND 集团的大品牌精神和传递品牌文化的同时,也宣传着 E·LAND 集团本身,凸显了 E·LAND 大集团的气势,同时也提升了各个子品牌的价值。

E·LAND 品牌的陈列柜有时采用乳白色的英式田园风格,所以直线条较多。灯饰并无过多的设计。服装摆放呈严谨的序列式,强调经典传统的古典学院气质。

再比如,EBLIN 品牌女式内衣定位于时尚元素和古典特色相结合的法式风格。同样的乳白色调田园风格的陈列柜却有许多罗马柱式和欧式古典窗帘穿插其间,多了些女性的妩媚,同时正中大大的水晶吊灯璀璨夺目,浪漫而奢华。模特的摆放也跳出了一般内衣陈设的框架,姿态夸张,黑色的吊带袜、精致的刺绣等显得性感而高贵。这种卖场设计在精致美丽、古典气质的基础上,同时具备了现代感和城市感。

色彩是卖场的重要组成部分之一,利用合适的色彩能够很好地营造整个卖场的气氛,对观众的心理会产生强大的吸引和刺激,在营造卖场气氛的同时,更能起到衬托产品的作用,如图 2-26 ～图 2-28 所示。E·LAND 旗下的卖场采用的多为带有暖感的大地色系的调子,具有强烈的亲和力。在从轻到重的渐变环上配合不同的性格特性需求,营造出从柔到刚的整体色调,搭配起来十分灵活。

✤ 图　2-26

✤ 图　2-27

✦ 图 2-28

卖场展示的主体并非是环境，而是卖场中的服装，因此在进行服装卖场设计时，E·LAND 旗下品牌卖场都会根据品牌风格的不同，对卖场环境的色彩做出相应的设计，在整体协调的前提下，形成丰富的变化效果，以免喧宾夺主。

另外，E·LAND 品牌服饰在货品的摆放上也是有特定安排的，比如常分为冷色一组、暖色一组。或者为了营造活泼的感觉，特地将对比色系的服装放在一起，这样的摆放方式显得色彩更加强烈，红的更红，绿的更绿，从而刺激消费者的购买欲望。

通过对 E·LAND 旗下品牌卖场设计的分析，可以确定成功的卖场设计是能够从视觉设计的角度优化品牌卖场形象的设计和管理。故从品牌形象、产品风格和色彩等方面进行卖场设计是产品营销的重要环节。

再比如，TEENIE WEENIE BEAR 品牌是以独特的熊家族故事作为背景，以可爱的熊宝宝作为主角，定位于体现美国传统休闲风格，以美国东部 TEENIE WEENIE 家族中 Willian 和 Catherine 兄妹的校园生活和户外活动的故事作为背景，将熊世界里的一切都展现出来，体现了美国传统的校园风格，使熊的标志深入人心。

TEENIE WEENIE BEAR 的卖场在任何商场里都拥有极高的回头率，一部分卖场入口的正中间会有一个坐高 105cm、腰围 200cm 的超大泰迪熊，路过的人们大多会对它会心一笑，年轻的女孩们更

是喜欢得不愿意离开。另外一些卖场门口竖立着 Willian 和 Catherine 兄妹俩的巨型树脂雕像，双手插在裤兜里，站直看着路过的人，很可爱又很理性的样子让人忍俊不禁。

该品牌的商家抓住了每个人内心里的那一份童真，不只是年轻人，很多白领人士也很喜欢，其中深入人心的小熊形象功不可没。

2.2 商店卖场的设计内容

商店卖场的设计内容包括三个基本要素，它们是商品、消费者和建筑。把握好这三个基本要素是设计成败的关键。

1. 商品与商店卖场设计

衡量商店卖场设计好坏的直接标准就是看商品销售的好坏。因此，让顾客十分方便、直观、清楚地"接触"商品是首要目标。要利用各种人为的设计元素去突出商品的形态和个性，而不能喧宾夺主，如图 2-29 ～ 图 2-31 所示。

2. 消费者的行为心理与商店卖场设计

商业心理学将顾客分为以下三类。

（1）有目的的购物者。他们进店之前已有了购买目标，因此目光集中，脚步明确。

✦ 图 2-29

⬆ 图　2-30

⬆ 图　2-31

（2）有选择的购物者。他们对商品有一定的注意范围,但也留意其他商品。他们脚步缓慢,但目光较集中。

（3）无目的的参观者。他们去商店无固定目标,脚步缓慢,目光不集中,行动无规律。

一般来说,消费者进入商店购物时,大多数要经过一系列心理过程,尽管有时不那么明显。商店的

卖场设计应针对消费者的心理活动制订对策,使他们顺利实现购物行动。

消费者心理过程的开头是"注意",这就要求商品应具有一定的刺激强度,这样才能被感知。

在使消费者对商品引起关注之后,还要采取一系列对策促使他们顺利实现购买行动。新颖美观的陈列方式及环境设计能使商品看起来更诱人。国外商业建筑十分注意陈列装置的多样化,往往是根据商品特点来设计陈列装置,让商品的特点得到充分的展示。利用直观的商品实用特征诱发顾客对使用效果的联想是非常有效的。设计时应注意陈列装置的多样化,因为美观的陈列方式和环境与商品一样诱人,甚至比商品更诱人,它们使商品获得最充分的展示,如图 2-32 ～图 2-35 所示。同时,要求卖场设计的风格与商品的特性相吻合。比如传统风格的中药店要比现代形式的珠宝店更容易使消费者信赖,相反造型新颖的时装店则更有竞争力。

⬆ 图　2-32

⬆ 图　2-33

⬆ 图 2-34

⬆ 图 2-35

3. 建筑装修元素与商店卖场设计

同样的商品，人们往往认为摆在装饰很好的商店里的比摆在一般的商店里的价值高。针对市场的激烈竞争，必须以建筑装修的突出特色去赢得消费者。

（1）创造主题意境。在卖场设计中依据商品的特点树立一个主题，围绕它形成装饰的一套手法，创

造一种意境，这样易给消费者留下深刻的感受和记忆，如图 2-36 和图 2-37 所示。

⬆ 图 2-36

⬆ 图 2-37

（2）重复主题。一些专门经营某种名牌商品的商店，常利用该产品标志作为装饰，在门头、墙面装饰、陈列装置和包装袋上反复出现，以此来强化顾客的印象。经营品种较多的商店也可以某种图案为主题在装修中反复应用，加深顾客的记忆。

（3）灵活变动。消费潮流在不断地变化，所以商店卖场应能随时调整布局。国外有的商店卖场每星期都要做一些调整，给顾客以常新的印象。现在已经出现了一些可灵活使用的设计。

总之，在不干扰商品的前提下，对各种人为的装饰素材的精心运用，不仅能使卖场设计的风格鲜明，商店卖场的特色突出，而且能对某些商品起很好的烘托作用。在市场竞争日趋激烈的时代，必须综合运用以上三点，才能为商店卖场赢得竞争奠定一个良好的基础。

思考练习题

1. 简述商店卖场的设计理念包括哪几部分。
2. 举例说明商店卖场的设计需要注意哪几方面。

第3章
商店卖场的室内设计

商店卖场的空间设计是商业空间环境的主体，通常以卖场空间来表现它的使用性质。进入商店卖场，人们就会感受到空间的存在，这种感受来自于周围的天花板、地面与墙面所构成的三维空间。商店卖场室内的界面是指围合成卖场空间的地面、墙面和天花板。室内界面的设计既有功能技术性的要求，又有造型美观的要求；既有界面的线性和色彩设计，又有界面材料的选用和构成问题。因此，界面设计在考虑造型、色彩等艺术效果的同时，还需要与房屋内的设施、设备等相协调，如图3-1所示。界面设计决定着卖场空间的容量和形态，它既能使卖场空间丰富多彩，层次分明，又能赋予卖场空间一定的特性，同时也有助于加强商店卖场空间的完整性。

✿ 图 3-1

3.1 商店卖场空间设计的基本理论

人们对商业空间环境气氛的感受，通常是综合的、整体的，既有空间的形式，又有作为实体的界面。商店卖场空间由于墙体的围合形式不同，因而会产生不同的空间形态，而空间形态的不同会使人产生不同的购物心理。总之，商业空间采用不同的处理手法，最终目的就是营造一个合适的购物空间环境，供人休息、娱乐。

3.1.1 商店卖场空间的类型

商店卖场空间的类型可以根据不同的空间构成所具有的性质和特点来加以区分，通常按空间功能分为以下类型。

1. 开敞空间与封闭空间

开敞空间和封闭空间是相对而言的，开敞的程度取决于有无侧界面、侧界面的围合程度、开口的大小及启用的控制能力等。开敞空间和封闭空间也有程度上的区别，如介于两者之间的半开敞和半封闭空间。这取决于房间的使用性质和周围环境的关系，以及视觉上和心理上的需要。

（1）开敞空间。开敞空间是外向型的，限定性和私密性较小，它强调与空间环境的交流、渗透，讲究对景、借景、与大自然或周围空间的融合。图3-2和图3-3中可提供更多的室内外景观，并能扩大视野。开敞空间灵活性较大，便于经常改变室内布置。在心理效果上，开敞空间具有开朗、活跃的感觉。在景观关系和空间特点上，开敞空间具有收纳性和开放性。

（2）封闭空间。它是用限定性较高的围护实体包围起来的，在视觉、听觉等方面具有很强的隔离性，其产生的心理效果具有领域感、安全感,如图 3-4 所示。

❂ 图　3-2

❂ 图　3-3

❂ 图　3-4

2．动态空间与静态空间

（1）动态空间。动态空间也称为流动空间,具有空间的开敞性和视觉的导向性,界面组织具有连续性和节奏性,空间构成形式富有变化和多样性,它能使视线从一点转向另一点,引导人们从"动"的角度观察周围事物,将人们带到一个由空间和时间相结合的"第四空间"。 动态空间连续贯通之处,正是引导视觉流通之时,空间的运动感既在于塑造空间形象的运动性上,又在于组织空间的节律性上。

动态空间的特点：①利用机械、电器、自动化的设施及人的活动等形成动势。②组织引导流动的空间序列,方向性较明确。③空间组织灵活,人的活动线路较多。④利用对比强烈的块面和动感流线。⑤有光怪陆离的光影、生动的背景音乐,如图 3-5 所示。⑥引入了自然景物。⑦利用楼梯、壁画、家具等使人的活动时停、时动、时静。⑧利用匾额、楹联等启发人们对动态事物的联想。

❂ 图　3-5

（2）静态空间。静态空间一般来说其形式相对稳定,常采用对称式和垂直或水平界面处理,空间比较封闭,构成也比较单一,视觉多集中在一个方向或一个点上,空间较为清晰、明确。

静态空间的特点：①空间的限定度较强,趋于封闭型。②多为末端房间,序列至此结束,私密性较强。③多为对称空间（四面对称或左右对称）,除了有向心、离心的感觉以外,较少有其他倾向,达到一种静态的平衡。④空间及陈设的比例、尺度协调。⑤色彩淡雅和谐,光线柔和,装饰简洁。⑥实现平和转换,避免强制性引导视线。图 3-6 ～图 3-8 所示为永盛咖啡卖场。

3．虚拟空间与虚幻空间

（1）虚拟空间。虚拟空间是指在已界定的空间内通过界面的局部变化而再次限定的空间。由于缺乏较强的限定度,还是依靠"视觉实形"来划分空间的,所以也称为"心理空间"。例如,局部升高或降低地坪和天花板的高度,或以不同材质、色彩的平面变化来限定空间。图 3-9 是通过局部降低天花板的高度来限定空间。

⊕ 图 3-6

⊕ 图 3-7

⊕ 图 3-8

⊕ 图 3-9

（2）虚幻空间。虚幻空间是利用不同角度的镜面玻璃的折射及室内镜面所反映的虚像（如图 3-10 所示）,把人们的视线转向由镜面所形成的虚幻空间中。在虚幻空间中可产生空间扩大的视觉效果,通过几个镜面的折射,使原来平面的物件形成立体空间的幻觉,还可出现把紧靠镜面的不完整的物件拼凑成完整物件的假象。在室内特别狭窄的空间中,常利用镜面来扩大空间感。图 3-11 是利用镜面的幻觉装饰来丰富室内景观的,使得有限的空间产生了无限的、新奇的空间感。另外,适当采用现代工艺,可形成有奇异光彩和特殊肌理的超现实的空间效果。

⊕ 图 3-10

4．凹入空间与外凸空间

（1）凹入空间。凹入空间是指在室内某一墙面或局部角落凹陷的空间,这是在室内局部形成退缩的一种室内空间形式。由于凹入空间通常只有一面开敞,因此受到的干扰较少,可形成安静的一角,是私密性较高的一种空间形式。根据凹进的深浅和面积的大小不同,可以作多种用途的布置。如图 3-12 所示,在墙面中利用凹入空间布置展品,就可创造出最理想的储物空间。在饭店等公共空间中,利用凹入空间可避免人流穿越的干扰,形成良好的休息空间。在餐厅、咖啡室等处可利用凹入空间布置雅座。在长内廊式的建筑,如办公楼、宿舍等处,适当间隔布置一些凹入空间,作为休息或等候的场所,可以避免空间的单调感。

✿ 图　3-11

✿ 图　3-12

(2)外凸空间。凹凸是一个相对的概念,如外凸空间对内部空间而言是凹室,对外部空间而言是凸室。大部分的外凸空间希望将建筑更好地伸向自然、水面,达到三面临空的效果,使室内外空间融为一体,或通过锯齿状的外凸空间来改变建筑的朝向及方位等。外凸空间在西洋古典建筑中运用得较为普遍,如建筑中的挑阳台、阳光室等都属于这一类。

5．地台空间与下沉空间

(1)地台空间。室内地面局部抬高,并抬高地面的边缘而划分出的空间称为地台空间。由于地面升高而形成一个台座,在和周围空间相比时十分醒目、突出,就具有收纳性和展示性。处于地台上的人们具有一种居高临下的优越感,视线开阔,从而使商品变得趣味盎然。地台适用于引人注目的展示、陈列场地等,如将家具、汽车等产品以地台的方式展出,可创造出新颖、现代的空间展示风格,如图 3-13 所示。一般情况下地台抬高高度为 15 ~ 40 厘米。

✿ 图　3-13

(2)下沉空间。下沉空间是将室内地面局部下降,在统一的室内空间产生一个界限明确、富于变化的独立空间。由于下降的地面标高比周围低,因此具有一种隐蔽感、保护感和宁静感,使其成为具有一定私密性的小天地。如图 3-14 和图 3-15 所示,随着视线的降低,感觉空间增大,室内景观也会产生不同凡响的变化。下降空间适用于多种性质的空间。根据具体条件和要求,可设计不同的下降高度,也可设计围栏保护。一般情况下,下降高度不宜过大,避免产生进入底层空间或地下室的感觉。

图 3-14

图 3-15

图 3-16

图 3-17

6．共享空间

共享空间是为了适应各种频繁、开放的公共社交活动和丰富多样的商业活动的需要。共享空间由波特曼首创，在各国享有盛誉。它以罕见的规模、别出心裁的手法和丰富多彩的环境内容，将多层内庭装饰得光怪陆离，五彩缤纷。如图 3-16 和图 3-17所示，从空间处理来看，共享空间是一个具有运用多种空间处理手法的综合体系，它在空间处理上大中有小，小中有大；外中有内，内中有外，相互穿插、融合各种空间形态，变则动，不变则静。单一的空间类型往往给人静止的感觉，变化多样的空间形态则会形成动感。

7．母子空间

人们在大空间中一起工作、交流或进行其他活动，虽然空旷，但有时会感到彼此干扰，缺乏私密性，且不具有亲切感。而在封闭的小空间中虽避免了上述缺点，但又会产生工作中的不便和空间沉闷、闭塞的感觉。母子空间是对空间的二次限定，是在原空间中用实体性或象征性的手法再限定出小空间，将封闭与开敞相结合，在许多空间设计中被广泛采用。通过将大空间划分成不同的小区域，增强了亲切感和私密性，更好地满足了人们的心理需要。这种在强调共性中有个性的空间处理，强调心（人）、物（空间）的统一，是公共建筑设计的进步。如图 3-18 所示，由于母子空间具有一定的领域感，大空间相互沟通，闹中取静，较好地满足了群体和个体的需要。

↑ 图　3-18

8．交错空间或穿插空间

利用两个相互穿插、叠合的空间所形成的新空间称为交错空间或穿插空间。例如，城市中的立体交通，车水马龙，川流不息，显示出一个城市的活力，就属于这种空间类型。现代室内空间设计早已不满足于封闭的六面体和精致的空间形态，在创作中也常常将室外空间的立交模式引入室内，在分散人流方面有很好的效果。如图3-19所示，空间交错穿插，人们上下活动，交错穿流，俯仰相望，静中有动，不但丰富了室内景观，也给室内空间增添了生气和活跃气氛。交错、穿插空间形成的水平、垂直方向空间流

↑ 图　3-19

动具有扩大空间的功效，空间有变化，就富有动感，便于组织和疏散人流。在图3-20中，水平方向和垂直方向的电梯交错配置，形成的空间在水平方向上穿插交错，左右逢源。

↑ 图　3-20

9．模糊空间

模糊空间的界面模棱两可，具有多种含义，空间充满了复杂性和矛盾性。模糊空间常介于两种不同类型的空间之间，如室内、室外；开敞、封闭等。由于模糊空间的不确定性、模糊性、灰色性，从而延伸出含蓄和耐人寻味的意境，多用于处理空间与空间的过渡、延伸等。对于模糊空间的处理，应结合具体的空间形式与人的意识感受，灵活运用，创造出人们所喜爱的空间环境，如图3-21所示。

3.1.2　商店卖场空间的划分

商店卖场空间可以按功能要求做种种划分。随着空间元素的多样化，比如有立体的、平面的、相互穿插的、上下交叉的，加上采光、照明中的光影，以及明暗、虚实、陈设的布置，使空间曲折，或进行大小、高低和艺术造型等种种变化，都能产生形态繁多的空间分隔。

中 图 3-21

1．封闭式分隔

采用封闭式分隔的目的是对声音、视线、温度等进行隔离，使不同产品、不同品牌的商品形成独立的空间。这样相邻空间之间互不干扰，形成独立的区域，具有较好的私密性，但是流动性较差。这种划分一般利用现有的承重墙或现有的轻质墙隔离。如图 3-22 所示，各个不同品牌的服饰形成了独立的空间。

中 图 3-22

2．半开放式分隔

图 3-23 所示的空间是以隔屏、透空式的高矮货柜或不到顶的矮墙或通透式的墙面来分隔空间，其视线可相互通透，这种分隔强调了与相邻空间之间的连续性与流动性。

中 图 3-23

3．象征式分隔

图 3-24 所示的空间是以建筑物的梁柱、材质、色彩、绿化植物或地坪的高低差等来区分空间。其空间的分隔性不明确，视线上没有有形物的阻隔，但透过象征性的分隔，在心理层面上仍感觉是分隔的两个空间。

中 图 3-24

4．弹性分隔

有时两个空间之间的分隔方式居于开放式隔间或半开放式隔间之间，但在有特定目的时可利用拉门（如图 3-25 所示）或者活动帘、叠拉帘等方式分隔两个空间。

⊕ 图　3-25

5．局部分隔

如图 3-26 所示的空间，采用局部分隔的目的是减少视线上的相互干扰，对于声音、温度等并没有分隔。局部分隔的方法是利用高于视线的屏风、家具或隔断等进行空间分隔。这种分隔的强弱因分隔体的大小、形状、材质等方面的不同而不同。局部分隔的形式有四种，即一字形垂直分隔、L 形垂直分隔、U 形垂直分隔和平行垂直面分隔。局部分隔多用于大空间内划分小空间的情况。

⊕ 图　3-26

6．柱子分隔

柱子的设置是出于结构的需要，但有时也用柱子来分隔空间，以丰富空间的层次与变化。如图 3-27 所示，柱距越近、柱身越细，分隔感就越强。在大空间中设置列柱，通常有两种类型：一种是设置单排列柱，把空间一分为二；另一种是设置双排列柱，将空间一分为三。列柱分隔一般是使列柱偏于一侧，使主体空间更加突出，而且有利于功能的实现。设置双列柱时，会出现三种可能：一是将空间分成三部分，二是会使边跨大而中跨小，三是会使边跨小而中跨大。其中第三种方法是普遍采用的，它可以使主次分明，空间完整性较好。

⊕ 图　3-27

7．利用基面或顶面的高差变化分隔

如图 3-28 和图 3-29 所示，利用高差变化分隔空间的形式限定性较弱，只靠部分形体的变化来给人以启示、联想划定空间。空间的形状装饰简单，却可获得较为理想的空间感。常用的方法有两种：一是将室内地面局部提高，二是将室内地面局部降低。两种方法在限定空间的效果上相同，但前者在效果上具有发散的弱点，一般不适合于内聚性的活动空间；后者内聚性较好，但在一般空间内不允许局部过多降低，故较少采用。顶面高度的变化方式较多，可以使整个空间的高度增高或降低，也可以是在同一空间内通过看台、排台、悬板等方式将空间划分为上下两个空间层次，既可扩大实际空间领域，又能丰富室内空间的造型效果，多用于公共空间环境。

⊕ 图　3-28

⊕ 图　3-29

8．利用建筑小品、灯具、软隔断分隔

通过喷泉、水池、花架等建筑小品对室内空间进行划分，不但保持了大空间的特性，还活跃气氛，且能起到分隔空间的作用。也可利用灯具对空间进行划分，通过挂吊式灯具或其他灯具的适当排列并布置相应的光照来实现分隔。所谓的软隔断就是指珠帘及特制的折叠连接帘，如图3-30和图3-31所示，多用于住宅类、工作室中起分隔作用。

⊕ 图　3-30

⊕ 图　3-31

3.1.3　商店卖场空间的界面处理

界面处理是指对卖场空间的各个围合面——地面、墙面、顶面、隔断等各界面的使用功能和特点进行分析，了解界面结构的构造做法，通过造型、色彩、材质和灯光的设计，对界面形状、图形线脚、通风、采光、消防等管线设施进行协调配合，设计时要考虑客观环境因素和主观身心感受。

1．各类界面在选材方面的共同要求

室内空间各界面和配套设施装饰材料的选用，直接影响着整体空间设计的实用性、经济性、美观性以及环境氛围，这是设计者设计空间效果的重要环节。所以，设计者必须熟悉各种装饰材料的质地、性能特点，掌握材料的价格和施工工艺，并尽快学会运用先进的装饰材料和施工技术，为实现更好的设计和创意打下坚实的基础。室内空间各界面和配套设施装饰材料的选用需要考虑以下几方面。

（1）耐久性及使用期限。

（2）耐燃及防火功能。现代室内装修应尽量不要使用易燃材料，避免使用燃烧时会释放大量浓烟

的有毒气体的材料。

（3）无毒，即散发的气体及触摸时的有害物质低于核定剂量。

（4）无害的核定放射剂量。

（5）易于制作、安装和施工，便于更新。

（6）必要的隔热保温、隔声吸声性能。

（7）装饰及美观要求。

（8）相应的经济要求。

此外，还需要考虑材料适合装饰设计的相应部位，例如踢脚部位，由于需要考虑地面清洁工具、家具、器物底脚碰撞时的牢固程度和以后清洁的方便性，因此，通常选用有一定强度、硬质、易于清洁的装饰材料。由于现代室内设计具有动态发展的特点，设计装修后的室内环境通常并非是一劳永逸的，而是需要更新的，因此设计时应符合更新、时尚的发展需要。如图 3-32 所示，装饰材料需要由无污染、质地和性能更好且更为新颖美观的装饰材料来取代。

✚ 图　3-32

材料的选用还应遵循"精心设计、巧于用材、优材精用、一般材质新用"的原则。装饰标准有高有低，即使是标准高的室内，也不要用贵重材料进行堆砌。对一些展览类型的卖场、仓储型超市、LOFT风格专卖店等类型的室内部分界面，可以用"减法"来处理，如图 3-33 所示。比如，人们不易直接接触的墙面，可以使用不加装饰、具有模板纹理的混凝土面或清水砖面等，有些顶面可直接由显示结构的构件构成。

✚ 图　3-33

2．商店卖场各界面和配套设施装修设计的原则

（1）图 3-34 和图 3-35 所示的装饰、装修要与室内空间各界面及配套设施的特定要求相协调，并要达到高度的、有机的统一。

✚ 图　3-34

✚ 图　3-35

（2）如图3-36和图3-37所示，在室内空间环境的整体氛围上，要满足不同功能的室内空间的特定要求。

図 3-36

図 3-37

（3）室内空间界面和某些配套设施在处理上切忌过分突出。图3-38所示的砖墙壁纸和吊顶上的植物作为室内环境的背景，对室内空间的商品陈设起到烘托、陪衬的作用；但是对于需要营造特殊气氛的空间，如舞厅、咖啡厅等，有时也需对其做重点装饰处理，以强化效果。

（4）充分利用材料的质感。材料质地精美，能够加强艺术表现力，给人以不同的感受；质地粗糙则使人感到稳重、浑厚，也因为它可以吸收光线而使人感到光线柔和。图3-39所示的质地使人感到轻巧、精致，表面光滑可以反射光线，使人感到光亮。一般来说，大空间、大面积的次要部位质地宜粗，小空间、小面积的重点部位质地宜细。

図 3-38

図 3-39

（5）充分利用色彩的效果。虽然形状是物质的基础，色彩是从属于形式和材料的，但是，色彩对视觉却有强烈的感染力、较强的表现力。色彩效果包括生理、心理和物理三方面的效应，所以说，色彩是一种效果显著、工艺简单和成本经济的装饰手段。确定室内环境的基调，创造室内的典雅气氛，主要就是靠色彩的表现力。一般来说，室内色彩应以低纯度为主，局部地方可作高纯度处理。如图3-40和图3-41所示，家具及陈设品可作对比色处理，以达到低纯度中有鲜艳、典雅中有丰富、协调中有对比的效果。

（6）利用照明及自然光影烘托室内气氛。如图3-42所示，安静及私密性空间的光线要暗淡些，甚至若隐若现；热闹及公共性空间的光线则要明亮和灯火辉煌。利用天窗的顶光可以增加自然光线，

✪ 图　3-40

✪ 图　3-41

✪ 图　3-42

利用窗花、花格顶棚等可以增加光影的变化等。

（7）设计时应充分利用其他造型艺术手段,如图案、壁画、几何形体、线条等的艺术表现力。

（8）在建筑物理方面,如保温隔热、隔音、防火、防水,也包括空调设备等,主要是按照需要及条件来进行考虑和选择的。

（9）构造施工上要简洁,经济要合理。

3．室内空间界面和配套设施装饰设计的要点

（1）形状。形体是由面构成的,面是由线构成的。

室内空间界面和配套设施中的线,主要是指分隔线和由于表面凹凸变化而产生的线。这些线可以体现出装饰的静态或动态,可以调整空间感,也可以反映装饰的精美程度。如图 3-43 所示,密集的线具有极强的方向性,柱身的槽线可以把人们的视线引向上方,增加柱子的挺拔感。如图 3-44 所示,沿走廊方向表现出来的直线,可以使走廊显得更深远。弧线具有向心力或离心力,如图 3-45 所示,展厅墙面的弧形分隔线有助于把人的视线引向展厅中央。

✪ 图　3-43

✪ 图　3-44

⊕ 图　3-45

室内空间界面和配套设施的面是由各界面和配套设施造型的轮廓线和分隔线构成的，不同形状的面会给人以不同的联想和感受。例如，棱角尖锐形的面给人以强烈、刺激的感觉，圆滑形的面给人以柔和、活泼的感觉，梯形的面给人以坚固、质朴的感觉，圆形的面中心明确且具有向心力和离心力等，如图3-46和图3-47所示。圆形和正方形属于中性形状，因此，设计者在创造具有个性的空间环境时，常常会采用非中性的自由形状。

⊕ 图　3-46

形体可以从两方面来理解：一方面是由各界面和配套设施围合而成的空间形体，另一方面是指各界面和配套设施自身表现出来的凹凸和起伏。不同空间形体和不同界面及配套设施的形体变化对空间环境会产生重大影响，前者如人民大会堂墙壁与顶棚没有明显的界线，自然衔接，形成一个浑然一体的

形体；后者主要是指大的凹凸和起伏，如澡井或吊顶中下垂的筒灯等。

⊕ 图　3-47

（2）图案。图案可以利用人们的视觉来改善界面或配套设施的比例。一个正方形的墙面，用一组平行线装饰后，看起来可以像矩形；把相对的两个墙面全部这样处理后，平面为正方形的房间，看上去就会显得更深远。图案可以给空间赋予静感或动感。纵横交错的直线组成的网格图案会使空间具有稳定感，斜线、折线、波浪线和其他方向性较强的图案则会使空间富有运动感。图案还能使空间环境具有某种气氛和情趣。如图3-48和图3-49所示，装饰墙采用带有透视性线条的图案，与顶棚和地面连接，给人以浑然一体的感觉。

⊕ 图　3-48

⊕ 图　3-49

在选择图案时,应充分考虑空间的大小、形状、用途和性格。如图 3-50 所示,动感强的图案,最好用在入口、走道、楼梯和其他气氛轻松的公共空间,过分抽象和变形较大的动植物图案只能用于成人使用的空间,不宜用于儿童空间;儿童空间应该富有更多的趣味性,色彩可鲜艳明快些。同一空间在选择图案时,宜少不宜多,通常不应超过两个图案。如果选用三个或三个以上的图案,则应强调突出其中一个主要图案,减弱其余图案,否则会造成视觉上的混乱。

⊕ 图　3-50

(3) 质感。在选择材料的质感时,应把握好以下几点。

① 要使材料特点与空间特点相吻合。室内空间的特点决定了空间气氛,空间气氛的构成则与材料的特点紧密相关。因此,在选用材料时,应注意使其特点与空间气氛相配合。例如,珠宝橱窗宜采用明亮、华丽、光滑的玻璃和金属等材料,这样会给人以豪华、优雅、舒适的感觉,如图 3-51 所示。

⊕ 图　3-51

② 要充分展示材料自身的内在美。如图 3-52 和图 3-53 所示,天然材料巧夺天工,自身具备许多人无法模仿的美的要素,如图案、色彩、纹理等,因而在选用这些材料时,应注意识别和运用,充分体现其个性美。例如石材中的花岗岩、大理石,木材中的水曲柳、柚木、红木等,都具有天然的纹理和色彩。因此,在材料的选用上,并不意味着高档、高价便能表现出好的效果,相反,只要能使材料各尽其用,即使花较少的费用,也可以获得较好的效果。

⊕ 图　3-52

③ 要注意材料质感与距离、面积的关系。同一种材料,当距离远近或面积大小不同时,给人们的感觉往往也是不同的。表面光洁度好的材质离得越近感受越强,离得越远感受越弱。如图 3-54 所示,光

亮的金属材料用于面积较小的地方,尤其在作为镶边材料时,会显得光彩夺目,但当大面积应用时,就容易给人以凹凸不平的感觉;毛石墙面近观很粗糙,远看则显得较平滑。因此,在设计中,应充分把握这些特点,并在大小尺度不同的空间中巧妙地运用。

❶ 图 3-53

❶ 图 3-54

④ 注意与使用要求相统一。对不同要求的使用空间,必须采用与之相适应的材料。例如,录音棚或微机房需有隔声、吸声、防潮、防火、防尘、光照等不同要求,应选用不同材质、不同性能的材料;对同一空间的墙面、地面和顶棚,也应根据耐磨性、耐污性来选用材料。

⑤ 注意材料的经济性。选用材料必须考虑其经济性,且应以低价高效为目标。即使要装饰高档的空间,也要搭配好不同档次的材料。若全部采用高档材料,反而会给人以浮华、艳俗之感。可以按光照柔和程度及防静电等方面的不同要求来选用合适的材料。

3.1.4　商店卖场空间的布置

商店卖场空间布置的主要目的是突出商品特征,使顾客产生购买欲望,又便于他们挑选和购买。在布置专卖商店店面时,要考虑多种相关因素,诸如空间的大小、种类的多少、商品的样式和功能、灯光的排列和亮度、通道的宽窄、收银台的位置和规模、电线的安装及国家有关建筑方面的规定等。

1. 空间布局给人的感受

空间感受是指所限定空间给人的心理、生理上的反应,不同的空间布局给人的感受各不相同,卖场空间的各界面所限定的范围就构成了卖场空间的布局。

（1）矩形卖场空间布置。如图 3-55 所示,矩形卖场空间是一种最常见的空间布置形式,很容易与建筑结构形式协调,平面具有较强的单一方向性,立面无方向感,是一个较稳定的空间,属于相对静态和良好的滞留空间。

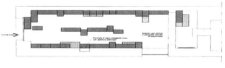

❶ 图 3-55

（2）折线形室内空间。这种空间平面多为三角形、六边形及多边形。如果空间平面为三角形,则具有向外扩张之势,因为立面上的三角形具有上升感;如果空间平面为六边形,则具有一定的向心感。

（3）圆拱形空间。如图 3-56 所示，圆拱形空间常见的有两种形态：一种是矩形平面拱形顶，水平方向性较强，剖面的拱形顶具有向心流动性；另一种是平面为圆形，顶面为圆弧形，有稳定的向心性，给人一种收缩、安全、集中的感觉。

↑ 图　3-56

（4）自由形空间。平面、立面、剖面形式多变而不稳定，自由而复杂，有一定的特殊性和艺术感染力，多用于特殊娱乐空间或艺术性较强的空间。

2．商店的空间布局形态

商店的空间布局复杂多样，应该因地制宜地进行设计，一般是先确定大致的规划，例如，营业员的空间、顾客的空间和商品的空间各占多大比例，划分好区域，然后再进行更改，并具体地陈列商品。

（1）商店的三种空间。专卖商店的种类多种多样，空间格局也五花八门，似乎难以找出规律性的空间分隔。不过万变不离其宗，我们可以把它概括为三种空间。一为商品空间，指商品陈列的场所，有箱型、平台型、架型等多种选择。二为店员空间，指店员接待顾客和从事相关工作所需要的场所。店员空间有两种情况：一是与顾客空间混淆；二是与顾客空间相分离。三为顾客空间，指顾客参观、选择和购买商品的地方。根据商品的不同，顾客空间又可分为商店外、商店内和内外结合三种形态。

（2）商店空间格局的三种形态。依据商品数量、种类、销售方式等情况，可将三种空间有机组合，从而形成专卖商店空间格局的三种形态。一为接触型商店。如图 3-57 所示，商品空间毗邻街道，顾客在街道上购买物品，店员则在店内进行服务，通过商品空间将顾客与店员分离。二为封闭型商店。如图 3-58 所示，商品空间、顾客空间和店员空间全在店内，商品空间将顾客空间与店员空间隔开。三为封闭、环游型商店，三个空间皆在店内，顾客可以自由、漫游式地选择商品，实际上是开架销售。该种类型可以有一定的店员空间（如图 3-59 所示），也可没有特定的店员空间（如图 3-60 所示）。

↑ 图　3-57

↑ 图　3-58

❀ 图　3-59

❀ 图　3-60

另外，店面的布置最好留有依季节变化而进行调整的余地，使顾客不断产生新鲜和新奇的感觉，激发他们持续消费的愿望。一般来说，专卖商店的格局只能延续3个月的时间，每月变化已成为许多专卖店经营者的促销手段之一。

3.1.5　商店卖场空间的动线组织

人的每一项活动都在时空中体现为一系列的过程，这种活动过程都有一定规律性或行为模式。例如参观展览，先要了解展览广告内容，进而去买票，然后在展览开幕前略加休息或做其他准备活动（上厕所等），最后参观（这时就相对静止），参观完毕后由后门或旁门疏散，至此参观展览这个活动就基本结束了。因此，商业空间设计一般也应该按照这样的序列来进行空间动线组织，按照空间的先后活动顺序，设计师应结合商业功能给予合理的空间组织。

空间以人为中心，人在空间中处于运动状态，并在运动中感受、体验空间的存在，商店卖场空间设计就是要处理好空间的动线组织。而空间的连续性和时间性是空间序列的必要条件，人在空间内活动感受到的精神状态是空间序列考虑的基本因素；空间的艺术章法，则是空间序列设计主要的研究对象，也是对空间序列全过程构思的结果。

1．空间动线组织

（1）起始阶段。这个阶段为序列的开端，开端的第一印象在任何活动中都是要充分重视的，一般来说，具有足够的吸引力是起始阶段考虑的主要核心。如图3-61所示，商品通过窗口展示就是初始阶段。

❀ 图　3-61

（2）过渡阶段。这既是起始后的承接阶段，又是出现主题阶段的前奏，在序列中起到承前启后、继往开来的作用，是序列中关键的一环。特别是在长序列中，过渡阶段可以表现出若干不同层次和细微的变化，由于它紧接着主题阶段，对最终主题的出现具有引导、启示、酝酿、期待的作用，如图3-62所示。

（3）主题阶段。主题阶段是全序列的中心，如图3-63和图3-64所示。从某种意义上说，其他各阶段都是为主题的出现服务的，因此序列中的主题常是精华和目的所在，也是序列艺术的最高体现。充分考虑期待后的心理满足和激发情绪达到顶峰，是主题阶段设计的核心。

 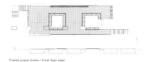

✪ 图　3-62

✪ 图　3-63

✪ 图　3-64

（4）终结阶段。如图 3-65 所示，由主题恢复到正常状态是终结阶段的主要任务。该阶段虽然没有主题阶段那么重要，但也是必不可少的组成部分，良好的结束又似余音绕梁，有利于人们对主题的追思和联想。

✪ 图　3-65

2．商业空间对动线的要求

不同性质的建筑有不同的空间动线布局，商业空间序列艺术手法有其动线设计的章法，在现实丰富多彩的商业空间活动内容中，空间序列设计不会按照一个模式进行，有时需要突破常规，在掌握空间序列设计的普遍性外，还要注意不同情况的特殊性。一般来说，影响空间序列的关键有以下几方面。

（1）商品序列长短的选择。序列的长短反映了主题出现的快慢以及主题准备阶段对空间层次的考虑。由于主题一出现，就意味着序列全过程即将结束，因此对主题的出现不可轻易处置，主题出现越晚，层次就越多，通过时空效应对人心理的影响必然会更深刻。长序列的设计往往用于需要强调主题的重要性、宏伟性与高贵性的场合，并且序列可根据要求适当拉长。但有些建筑类型采用拉长序列的设计手法并不合适，如为了追求效率、速度及节约时间时，应尽量缩短序列。如图 3-66 所示，室内布置应让人一目了然，层次越少越好，时间越短越好。

（2）序列布局类型的选择。采用何种布局取决于建筑的性质、规模、环境等因素。一般序列格局可分为对称式和不对称式、规则式和自由式，空间序列线路分为直线式、曲线式、迂回式、盘旋式、立交式、循环式等。

↑ 图　3-66

商品的陈列要注意研究消费者的购买心理，并适当美化店容和店貌，以扩大商品的销售。消费者进入商店后要购买到称心如意的商品，一般要经过感知—兴趣—注意—联想—欲求—比较—决定—购买整个过程，即消费者的购买心理过程。针对消费者的这种购买心理特征，在商品陈列方面，必须做到使商品易为消费者所感知，要最大限度地吸引消费者，使消费者产生兴趣并引起注意，从而刺激消费者的购买欲望，促使其做出购买决定，形成购买行为。因此，商品的陈列方式、陈列样品的造型设计、陈列设备、陈列商品的花色等方面都要与消费者的这种购买心理过程相适应。

在商品的陈列序列上，尽可能地采用"裸露陈列"，使消费者能直接接触商品。在陈列样品的造型设计方面要讲求艺术美观、色彩协调，使消费者对陈列的商品产生兴趣，刺激他们的购买欲望。如图 3-67 和图 3-68 所示，陈列的设备方面，要注意能使陈列的商品醒目、突出，能对消费者产生巨大的吸引力。在陈列商品的花色之间，要协调搭配并相互衬托，增加商品的色彩，保持和谐醒目，从而暗示消费者去选取陈列的商品。

↑ 图　3-67

↑ 图　3-68

（3）主题的选择。在建筑空间中具有代表性的、反映建筑性质特征的、集中一切精华所在的主体空间就是空间序列的主题所在。主题应反映该建筑性质的特征及一切精华所在的主体空间，它是建筑的中心和参观来访者所向往的最终目的地。根据商场的性质和规模的不同，考虑主题出现的位置和次数也不同，多功能、综合性、规模大的建筑具有形成多中心、多主题的可能性。即便如此，也有主从之分，如共享空间和社交休息的空间就提到了更高的阶段，成为整个商场中最引人注目和引人入胜的精华所在。

3．空间动线的设计手法

空间序列的不同阶段和写文章一样，有起、承、转、合；和乐曲一样，有主题，有起伏，有高潮，有结束；也和剧作一样，有主角和配角，有矛盾双方的对立面，也有中间人物。通过建筑空间的连续性和整体性给人以强烈的印象、深刻的记忆和美的享受。但是良好的序列章法还要通过每个局部空间的装修、色彩、陈设、照明等一系列艺术手段的创造来实现，因此，空间序列的设计手法非常重要。

（1）空间的导向性。指导人们行动方向的建筑处理方式称为空间的导向性。采用导向的手法是空间序列设计的基本手法，它以建筑处理手法引导人们行动的方向，使人们一进入该空间，就会随着建筑空间布置而行动，从而满足空间的物质功能和精神功能。良好的交通路线设计不需要指路标和文字说明牌，而是用空间所特有的语言传递信息，与人对话。常见的导向设计手法是采用统一或类似的视觉元素进行导向。如图 3-69 所示，相同元素的重复产生节奏，同时具有导向性。设计时可运用形式美学中各种韵律构图和具有方向性的形象作为空间导向性的手法。如连续的货架，如图 3-70 所示，列柱、装修中的方向性构成、地面材质的变化等都会强化导向，通过这些手法暗示可以引导人们改变行动的方向和增加注意力。因此，卖场空间的各种韵律构图和象征方向的形象性构图就成为空间导向性的主要表现手法。

⊕ 图　3-69

（2）视觉中心。在一定范围内引起人们注意的目的物就是视觉中心。导向性只是将人们引向高潮

的引子，最终的目的是导向视觉中心，使人领会到设计的诗情画意，如图 3-71 所示。空间的导向性有时也只能在有限的条件下设置，因此在整个序列设计过程中，还必须依靠在关键部位设置引起人们强烈注意的物体，以吸引人们的视线，勾起人们向往的欲望，并控制空间距离。

⊕ 图　3-70

⊕ 图　3-71

（3）空间构成的对比与统一。空间序列的全过程就是一系列相互联系的空间过渡。对不同的序列阶段，在空间处理上各有不同，从而造成不同的空间气氛，但又彼此联系，前后衔接，形成按照章法要求的统一体。空间序列的构思是通过若干相联系的空间构成彼此有联系并且前后连续的空间环境，它的构成形式随功能要求而有所不同。一般来说，在主

题阶段出现以前，一切空间过渡的形式应该有所区别，但在本质上应基本一致，要强调共性，因此应以统一的手法为主。但准备阶段的过渡空间往往采用对比的手法，可以先收后放、先抑后扬，以便强调和突出主题。统一对比的建筑构图原则同样可以运用在室内空间处理上。

3.2　商店卖场的色彩设计

3.2.1　色彩的形象性

1．色彩的心理

作为装饰手段，墙面的色彩因为能够改变商店卖场的氛围和格调而受到重视，色彩不占用商店卖场的空间面积，不受空间结构的限制，运用方便灵活，最能体现卖场的个性风格。

（1）色彩与心理。每一种颜色都具有特殊的心理作用，能影响人的温度知觉、空间知觉甚至情绪。色彩的冷暖感起源于人们对自然界某些事物的联想。例如，红、橙、黄等暖色会使人联想到火焰、太阳，从而有温暖的感觉，这几种暖色调也是快餐店最喜爱的，如肯德基、麦当劳、永和豆浆等，如图 3-72 所示。中西快餐厅经常会用到红色，人在这样的环境中会比较兴奋，从而加快进食速度，有利于消费和人员的快速周转。从白、蓝和绿等冷色中会联想到冰雪、海洋和森林，从而令人感到清凉。

✿ 图　3-72

（2）色彩与空间感。基于色彩的色度、明度不同，还能造成不同的空间感，可产生前进、后退、凸出、凹进的效果。明度高的暖色有突出、前进的感觉，明度低的冷色有凹进、远离的感觉。色彩的空间感在商店卖场中的作用是显而易见的。如图 3-73 所示，在狭小的空间里，用明度低的冷色可产生后退感，使墙面显得遥远，可赋予商店卖场开阔的感觉。

✿ 图　3-73

（3）色彩与人的情绪。色彩的明度和纯度也会影响到人们的情绪。明亮的暖色会给人一种活泼感，而深暗色会给人一种忧郁感。白色和其他纯色组合时会使人感到活泼，而黑色则是忧郁的色彩。这种心理效应可以被有效地运用到卖场的设计中。例如，自然光不足的卖场，使用明亮的颜色，不仅会使商店卖场笼罩在一片亮丽的氛围中，还会使人感到愉快，如图 3-74 所示。

✿ 图　3-74

（4）墙壁用色。首先，墙面的色彩构成了整个房间色彩的基调。其次，商品、照明、饰物等色彩分布都受到它的制约。

墙面色彩的确定首先要考虑店面的朝向。一般来说，南向和东向的卖场光照充足，墙面宜采用淡雅的浅蓝、浅绿等冷色调；北向房间或光照不足的房间，墙面应以暖色为主，如奶黄、浅橙、浅咖啡等色，如图 3-75 所示，而不宜用过深的颜色。但具体要根据卖场的整体效果和商品所需要营造的空间氛围而定。墙面的色彩选择要与商品的色彩、室外的环境相协调，墙面的色彩对于商品起背景衬托作用。

⊕ 图　3-75

（5）色彩心理学对商店卖场的影响。商场的色彩设计也可以刺激顾客的购买欲望。在炎热的夏季，商场以蓝、棕、紫等冷色调为主，顾客有凉爽、舒适的心理感受。如图 3-76 所示，采用夏季的流行色布置销售女士用品的场所，能够刺激顾客的购买欲望，增加销售额。色彩对儿童有强烈的刺激作用，儿童对红、粉、橙色反应敏感，销售儿童用品时采用这些色彩效果更佳。使用色彩还可以改变顾客的视觉形象，弥补营业场所的缺陷。如将天花板涂成浅蓝色，会给人一种高大的感觉；将商场营业场所墙壁两端的颜色涂得渐渐浅下去，会给人一种辽阔的感觉；过一段时间变换一次商场的色彩，会使顾客感到有新奇感。

色彩对于商场环境布局和形象塑造影响很大，为使营业场所色调达到优美、和谐的视觉效果，必须将商场各个部位（如地面、天花板、墙壁、柱面、货架、

柜台、楼梯、窗户、门等）及售货员的服装设计出相应的色调。

⊕ 图　3-76

① 运用色彩时要与商品本身的色彩相配合。目前，市场销售的商品包装也要注意色彩的运用，这就要求商场内的货架、柜台、陈列用具为商品销售提供色彩上的配合与支持，并起到衬托商品及吸引顾客的作用。如销售化妆品、时装等，应用淡雅、浅色调的陈列用具，以免喧宾夺主，掩盖商品的美丽色彩，如图 3-77 和图 3-78 所示；销售电器、珠宝首饰、工艺品等可配用色彩浓艳、对比强烈的色调来显示其艺术效果。

⊕ 图　3-77

➕ 图 3-78

② 运用色彩要与楼层、部位相结合，创造出不同的气氛。如商场一层的营业厅，入口处顾客流量多，应以暖色装饰，可形成热烈的迎宾气氛，如图3-79所示；也可以用冷色调装饰，来缓解顾客紧张、忙乱的心理，如图3-80所示。地下营业厅沉闷、阴暗，易使人产生压抑的心理。用浅色调装饰地面、天花板，可以给人带来赏心悦目的清新感受。

➕ 图 3-79

③ 色彩运用要在统一中求变化。如图3-81所示，商场为确定统一的视觉形象，应定出标准色，用于统一的视觉识别，以便显示企业特性，但是在运用中，在商场的不同楼层、不同位置又要求有所变化，形成不同的风格，使顾客依靠色调的变化来识别楼层和商品部位，唤起新鲜感，减少视觉与心理的疲劳。

➕ 图 3-80

➕ 图 3-81

2. 色彩与视觉

（1）决定颜色感觉的三种因素。具体如下。

① 物体表面将照射光线反射到主体的性质。这种性质决定于物体表面的化学结构与组成、表面物理与表面几何特性。

② 照明光源的性质。光源的波长构成特性——光能在相关视觉波段范围内的能量分布，从光源的色品质量而言，就是它的色温。

③ 眼睛的感色能力。该能力主要取决于视网膜上的视神经系统对光线的感受能力和处理与传送光刺激的能力。

（2）商业环境设计中的色彩特性。具体如下。

① 空间色调气氛。空间色调气氛是指商业环境设计的色彩心理氛围和色彩所烘托的空间色调，而不是单独对空间某个具体物的颜色而言的，它包括环境

维护体所采用的表层用色,尤其是空间光源(自然光或人工光)布光处理。如图 3-82 和图 3-83 所示,空间光源不同,所营造出来的空间色调氛围也不同。

图 3-82

图 3-83

② 空间材质选色。任何材质的表现都离不开色与光(受光与反光)的影响。材质的选用与处理也是确定环境空间的视觉认识与心理影响的基础。同一材质由于有不同的色彩,同一色彩由于有不同的光照,同一色彩、同一光照由于有不同的反光,都将造成人们不同的视觉感受和不同的心理感受。如图 3-84 所示,色彩在材质上的表现可直接改变材质的轻重感、软硬感、朴实华丽感甚至是大小感、远近感、动静感等的视觉心理反应。

③ 空间整体与和谐。商业环境的色彩设计是以人的色彩生理、心理的适应性和功能性为要求的。完美的商业环境色彩设计既要考虑实用功能,又要突出空间的个性。整体与和谐是商业环境色彩设计中的基本准则,对比与调和是空间色彩设计组

合的基本规则。同一色相的颜色,可以用明度的变化来产生对比;同一明度的颜色,可以用不同色相或不同纯度来产生对比。近似色和邻近色的运用,有利于组成和谐的色调。为了增加空间色彩的活跃气氛,往往也可使用对比色或补色,但需要运用主色调进行统一。如图 3-85 所示,抱枕和衣服上的红花、绿叶互为补色,但是其余的大部分是用白色进行统一,从而使空间画面整体和谐,并具有视觉冲击力。

图 3-84

图 3-85

总之,商业环境色彩设计不是单一、孤立地存在,各具功能特点的色彩总会彼此影响。因此,要运用色彩的对比与调和的手段,从整体出发,求得色彩空间的对比,以及调和空间的整体色调与局部构件所产生的色彩虚实对比,使环境充满浪漫的视觉艺术效果。以对比色调为主,有助于突出空间的个性化。

3．视觉适应效果

视觉适应主要包括距离适应、明暗适应和色彩适应三方面。

（1）距离适应。人的眼睛能够识别一定区域内的形体与色彩,这主要是基于视觉生理机制具有调整远近距离的适应功能。眼睛构造中的水晶体相当于照相机中的透镜,可以起到调节焦距的作用。由于水晶体能够自动改变厚度,所以能使影像准确地投射到视网膜上,这样人可以借助水晶体形状的改变来调节焦距,从而可以观察远处和近处的物体。

（2）明暗适应。明暗适应是日常生活中常有的视觉状态。例如,从黑暗的屋子突然来到阳光下时,人的眼前会有白花花的感觉,稍后才能适应周围的景物,这一由暗到明的视觉过程称为明适应。如果暗房亮着的灯光突然熄灭,眼前会呈现黑乎乎的一片,过一段时间视觉才能够适应这种暗环境,并随之逐渐看清室内物体的轮廓,这是视觉的暗适应。视觉的明暗适应能力在时间上是有较大差别的。通常,暗适应的过程为 5 ～ 10 分钟,而明适应仅需 0.2 秒,因此在任何光亮度下,人们都能较容易地分形辨色。

（3）色彩适应。这里有个有趣的故事。如图3-86所示,法国国旗为红、白、蓝三色,当时在设计时,该旗帜的最初色彩搭配方案为完全符合物理真实的三条等距色带,可是,这种色彩构成的效果总使人感到三色间的比例不够统一,即白色显宽,红色居中,蓝色显窄。后来在有关色彩专家的建议下,把面积比例调整为红∶白∶蓝 ＝ 33∶30∶37,至此,国旗才显示出符合视觉生理等距离感的特殊

色彩效果,并给人以庄重神圣的感受。这说明颜色会使人的眼睛产生形状大小方面的错觉。

🔂 图　3-86

受色光影响而发生视觉错误的现象还有著名的柏金赫现象。对视觉来说,白天在光谱上波长长的红光显得鲜艳明亮,而波长短的蓝光则显得相对平淡逊色。但到了夜晚,当光谱上波长短的蓝光显得迷人、惹眼时,波长长的红光则显得惨淡、虚弱。换句话说,随着光亮条件的变化,人眼的适应状态也在不断地被修正与调整,对光谱色的视感也与之同步转换。柏金赫现象名称的来源是由于这一现象是1852年捷克医学专家柏金赫在迥异光亮条件下的书屋观察相同一幅油画作品时偶然发现并率先提出的,故而得名。

研究柏金赫视错的现实意义,就是引导色彩应用者在今后的艺术设计活动中,要注意扬长避短地组合好特定光亮氛围中的色彩搭配关系,从而尽量避免尴尬色彩现象的出现。如在创作一幅用于悬挂在较暗室内环境中的磨漆画时,在色彩构成方面,不宜配置弱光中反射效果极差的红、橙等暖色,否则不仅起不到任何装饰效用,反而会使墙面显得更加沉闷。但是如果画面选用有少许光亮便能熠熠生辉的蓝、青等冷色调搭配,就会使整个作品充满美丽诱人的意趣,这对于幽静的环境而言无疑是一种恰到好处的烘托与渲染。

4．心理性视差

色彩视觉因素主要是由于受心理因素——知觉活动的影响而产生的一种错误的色彩感应现象,称

为心理性机带或视差。连续对比与同时对比都属于心理性视错的范畴。

（1）连续对比。连续对比是指人眼在不同时间段内所观察与感受到的色彩对比视错现象。从生理学角度来讲，物体对视觉的刺激作用突然停止后，人的视觉感应并非立刻全部消失，该物的影像仍然会暂时存留，这种现象也被称作视觉残像。视觉残像又分为正残像和负残像两类。视觉残像形成的原因是眼睛连续注视的结果，是因为神经兴奋所留下的痕迹而引发的。

所谓正残像，又称正后像，是连续对比中的一种色觉现象，它是指在停止物体的视觉刺激后，视觉仍然暂时保留原有物色影像的状态，也是神经持续兴奋的产物。如凝视红色物体，当将其移开后，眼前还会感到有红色浮现。通常，残像暂留时间在 0.1 秒左右。大家喜爱的影视艺术就是依据这一视觉生理特性而创作完成的，将画面按每秒 24 帧连续放映，眼睛就观察到与日常生活相同的视觉体验，即电影或电视节目。如图 3-87 所示，如果看着黑点前后移动，就会感觉两个圈也在移动。

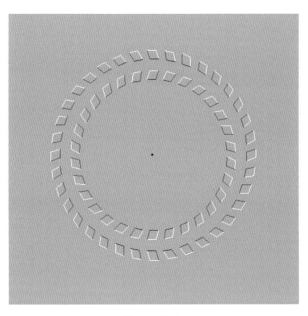

❖ 图　3-87

所谓负残像，又称负后像，是连续对比的又一种色觉现象，它是指在停止物体的视觉刺激后，视觉仍然暂时保留与原有物象成补色影像的视觉状态。通常，负残像的反应强度同凝视物象的时间长短有关，即持续观看时间越长，负残像的转换效果就越鲜明。例如，当久视红色后，视觉迅速移向白色时，看到的并非是白色，而是红色的补色——绿色；如久看红色后，再转向绿色时，则会觉得绿色更绿；而凝视红色后，再移看橙色时，则会感到该色较暗。据科学研究证实，这些视错现象都是因为视网膜上锥体细胞的变化造成的。如当我们持续凝视红色后，把眼睛移向白纸，这时由于红色感光蛋白因长久兴奋引起疲劳而转入抑制状态，而此时处于兴奋状态的绿色感光蛋白就会"乘虚而入"，故通过生理的自动调节作用，白色就会呈现绿色的影像。除色相外，科学家证明色彩的明度也有负残像现象，如白色的负残像是黑色，而黑色的负残像则为白色等，如图 3-88 所示。

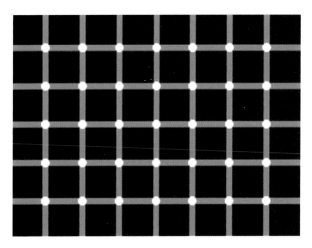

❖ 图　3-88

（2）同时对比。同时对比是指人眼在同一空间和时间内所观察与感受到的色彩对比视错现象。即眼睛同时接收到相异色彩的刺激后，使色觉发生相互冲突和干扰而造成的特殊视觉色彩效果。其基本规律是，在同时对比时，相邻接的色彩会改变或失掉原来的某些物质属性，并向对应的方面转换，从而展示出新的色彩效果和活力。

一般来说，色彩对比越强烈，视错效果越显著。例如，当明度各异的色彩参与同时对比时，明亮的颜色会显得更加明亮，而黯淡的颜色则会更加黯淡；当色相各异的色彩同时对比时，邻接的各色会偏向于将自己的补色残像推向对方，如红色与黄色搭配，眼睛时而把红色感觉为带紫味的颜色，时而又把黄色视为带绿味的颜色；当互补色同时对比时，由于受色彩对比作用的影响，会使双方均显示出鲜艳饱满的效果，如橙色与蓝色组合在一块，橙色能显得更橙，蓝色也会显得更蓝，在对比过程中，橙与蓝都得到了肯定及强调。如图3-89和图3-90所示，当纯度各异的色彩同时对比时，饱和度高的纯色将会更加艳丽，而饱和度低的纯色则相对黯然失色。霓虹灯的色饱和度最高，因此霓虹灯的色彩在晚上也最诱人、最醒目。当冷暖各异的色彩同时对比时，冷色让人感到非常冷峻和消极，暖色则令人觉得极为热烈与主动。当有彩色系与无彩色系的颜色同时对比时，有彩色系颜色的色觉会稳定，而无彩色系的颜色就明显倾向于有彩色系的补色残像，如红色与灰色并列，灰色会自动呈现绿灰的效果。

橙色配蓝色

✦ 图　3-89

✦ 图　3-90

综上所述，无论是同时对比还是连续对比，其实质都是为了适合视觉生理与视觉心理平衡的需要。从生理上分析，视觉器官对色彩具有协调与舒适的要求，凡能满足这种条件的色影或色彩关系，就能取得色彩的生理和谐效果。

3.2.2　商店卖场的色彩运用

商店卖场销售区域的设计是商品特点和品牌特色的直接反映。品牌定位或高雅，或传统，或时尚，都会通过销售区域设计得到体现，实际上也是设计师在应用艺术设计来体现业主及商品的经营宗旨。

1. 商店卖场的色彩语言

色彩可以对消费者的心情产生影响和冲击。从视觉科学上来讲，彩色比黑、白色更能刺激视觉神经，因而更能引起消费者的注意。每逢节日，各报报头设为红色，色彩夺目，使人顿觉眼前明亮，精神为之一振。彩色能把商品的色彩、质感、量感等都表现得极其真实，因而也就增强了顾客对销售商品的信任感。

红色、黄色、橙色被美术家、艺术家们认为是暖色，这是在人们希望有温暖、热情、亲近这种感觉时所使用的色彩。如图3-91所示，商场春节促销，应用灯笼、彩旗、红色锦缎布艺，对客户的心境产生影响，使人们感到温暖、亲切、快乐。蓝色、绿色和紫罗兰色被认为是冷色，通常用来创造雅致、洁净的气氛。如图3-92所示，在光线比较暗淡的走廊、休息室以及希望使人感到比较舒畅、明亮的其他场所，应用浅色而明亮的冷色效果最好。棕色和金黄色被认为是泥土类色调，可以与任何色彩配合，这些色彩也可以给周围的环境传播温暖和热情的气氛。

通过在不同商品中使用有独特倾向的色彩语言，顾客更易辨识商品，也更容易产生亲近感。这种作用，在零售店铺里特别明显：暖色系统的货架上放的是食品，冷色系统的货架上放的是清洁剂，色调高雅、肃静的货架上放的是化妆用品……这种商品

↑ 图　3-91

↑ 图　3-92

的色彩倾向性可体现在商品本身、销售包装及其广告上。有经验的人一看广告的色调,就知道宣传的是哪一类商品了。

2. 消费者的色彩感觉

人们对色彩的感觉来自于物理的、生理的和心理的几方面,如表 3-1 所示。由于人们从火和太阳那里获取温暖,自然就形成了一种直觉的心理反应:红色给人以温暖的感觉;蓝色给人清冷的感觉;白色使人想到冰天雪地,给人冷清的感觉;黑色则是吸收光热的,能给人以暖和的感觉。色彩的冷暖是最基本的心理感觉。掺入了人们复杂的思想感情和各种生活经验之后,色彩也就变得十分富有人情味。关于色彩感觉与色彩感情,可以说是一门专业

学科。色彩设计中的色彩感觉与色彩情感的简要介绍如表 3-1 所示。

表 3-1　色彩的类型及表达的情感

色彩种类	色彩感觉	色彩情感
红色	热	刺激
绿色	凉	安静
青色	较冷	较刺激
紫色	中性	少刺激
橙色	暖	较刺激
黄绿色	中性	较安静
青绿色	冷	很安静
紫绿色	较冷	较刺激
紫红色	稍暖	较刺激

一般来说,暖色给人温暖、快乐的感觉,冷色给人以清凉、寒冷和沉静的感觉。如果将冷暖两色并列,给人的感觉是:暖色向外扩张、前移,冷色向内收缩、后退。了解这些规律,对商店卖场环境设计中的色彩处理、装饰物品的大小、位置的前后、色彩的强弱等都很有帮助,可以提高商店卖场环境的整体效果。

3. 卖场的商品形象色

商品形象色是指不同大类的商品上经常使用并能够促进销售和便利使用的色彩或色调。商品色虽未有强制性的规定,也称不上是标准色,但在商店卖场环境设计中也是不可轻易违反的。

有些色彩会给人以酸、甜、苦、辣不同的味觉感受,以及不同的嗅觉感受。如淡红色、奶油色和橘黄色,点缀少量的绿色等是促进食欲的颜色,也是食品类的陈列中普遍采用的暖色系配色。如果过于标新立异,可用青绿色设计饼干的陈列,用银灰色设计肉类的陈列,势必使人初看一下就会产生误解,细看之后则会产生厌恶感,令人食欲减退。例如,美国一家无人售货商店发现肉类的销售量下降了,经过调查才发现,店里新安了一扇蓝色的窗子,蓝色使消费者对肉类感到反胃。在消费者的消费习惯中,不同的商品具有不同的色彩形象,因此,在设计零售店铺的内部环境时一定要考虑到不同色彩的特点,并给予正确处理。

产品命名的方式经常用商品陈列的习惯色彩，举例如下。

以水果命名的产品：橘子色、柑橘色、李子色、桃红、苹果绿、葡萄紫、柠檬黄。

以植物命名的产品：咖啡色、茶色、豆沙色、柳绿色、嫩草色、玫瑰红。

以动物命名的产品：鸨鸟色、鹦鹉色、黄鹂色、鼠灰色。

以金属矿物命名的产品：石色、石绿、钴蓝、银灰色、银白。

下面介绍各类商品的习惯性色调。

（1）服装：讲究时尚与适宜，除普通服装和童装外，均取高雅的色调。男性服装取明快的色调，显示其活力强，有气魄，粗犷有力，如图3-93所示；女性服装则取和谐、柔和的色调，烘托温柔的女性美，如图3-94所示。

⊕ 图 3-93

⊕ 图 3-94

（2）食品：为了体现食品的安全与营养，多采用暖色系列。

（3）化妆品：为了突出护肤美容的效果，多用中性色调和素雅色调。例如，淡淡的桃红色给人以健康、优雅与清香感。

（4）机电类产品：为了突出科学、实用与效益，多用稳重、沉静、朴实的色调，稍加有活力的纯色。如用红、黑、蓝色，会给人以坚定、耐用的感觉。

（5）玩具和儿童文具：为了突出兴趣与活泼感，多用鲜艳活泼的对比色调，如图3-95所示。

⊕ 图 3-95

（6）药品：讲求安全与健康，多采取中性色彩系列。用偏冷色调会给人以安宁之感，蓝色、银色给人以安全感，浅红、金红色给人以阳光、健康与有活力的感受。

上述诸因素对商店卖场空间气氛的形成起着重要作用。利用光的物理性能、人们对光的生理感受以及社会习俗、历史积淀等人文因素使人们对色彩的既定概念进行联想，从而进一步增强室内空间及商品的感染力。商业空间设计中的色彩关系往往比居住空间、办公空间更加大胆、鲜艳，对比也更加强烈，其最终目的就是为了吸引人们的注意力，取得较好的经济效益。

3.3 商店卖场的照明设计

在零售市场的变化趋势和细分面前，在消费行为和心理活动日趋复杂化的情况下，商店卖场如何树立和强化自己的品牌形象,以使自己的品牌形象、概念和特点区别于其他的商店,怎样吸引和留住顾客,已经成为现代商店最为关心的问题。为达到这一目的,作为商店卖场有多种选择,但照明是最为有效的手段和相对便宜的投资,并且它最容易吸引和引导目标顾客。

3.3.1　商店卖场照明的作用

商店卖场的照明会影响人们对卖场产品的购买欲望,照明光线不同,折射出的产品价值也不同,适当地调节卖场照明会对产品销售有一定的帮助。

1．商店卖场照明的具体功能

（1）吸引、引导顾客。

（2）吸引顾客的注意力。

（3）创造合适的环境氛围,完善和强化商店的品牌形象。图 3-96 和图 3-97 所示为松下 Lumix(徕卡) 产品的展示厅。

（4）创造购物的氛围和情绪,刺激顾客消费。

（5）以最吸引人的光色使商品的陈列、质感生动鲜明,如图 3-98 所示。

商店照明最主要的功能是能够帮助零售商、商店强化购买行为分析中的驻足、吸引和引导"三部曲",这是最终完成购买的前奏。现在人们已经由计划购物向随机的冲动购物转移,由必要消费向奢侈消费（超出必要程度的任何消费）转变。在这样的

✚ 图　3-96

购买行为和购买心理下,用照明吸引和引导顾客,创造宜人的购物氛围,就变得非常重要。

✚ 图　3-97

✚ 图　3-98

2．商店卖场照明的作用

现代商店卖场照明是非常复杂的,一方面是基于物理学对于照明质量和效果的客观评价,这是经过实验以后被量化的物理量,即有关照度、色温度、照明的均匀性、显色性指数等照明标准;另一方面是视觉印象方面的,以及由视觉印象所唤起的情感、趣味等非量化的对照明的主观感觉和评价。因此,照明设计和研究重点不应局限在传统的基于电气工程学的照明科学上,应该向光的视觉生理学、心理

学、色彩心理学以及照明美学等方面转移，并展开交叉研究，否则，我们对光的知识就是残缺不全的，且无法圆满地解释一个好的照明如何能够影响人的购买行为和购买心理。

在此，我们借助视觉生理、心理学、色彩心理理论的研究成果，简单地解释照明是在怎样的机理下起到吸引和引导顾客购买这种作用的。

（1）一般来说，消费者在进入购物中心时，首先会进行"视觉观察"。视觉生理学告诉我们，眼睛的感色能力（实际是感光能力）主要决定于视网膜上的视神经系统的光线感受能力和处理、传递光刺激的能力。换句话说，人们在观察事物的时候，实际上是在接受观察对象反射光的能量刺激，消费者在购物中心观察时，哪一个品牌的店铺能够被注意，取决于商店橱窗的光辐射水平的高低，这是我们研究商店橱窗照明的基础。

（2）科学研究发现，人眼的光谱敏感度与亮度水平有关联性，在低亮度水平下光谱敏感度曲线将会向短波方向平移，使人眼对短波辐射的光色变得相对敏感；反之，则向长波方向平移，对长波辐射的色彩变得敏感。光色偏于暖白色的商店照明，能够吸引顾客的注意。

（3）商店照明中强调亮度对比，如图3-99所示，在相同的平均照度下，高对比度的商品更容易产生良好的视觉，使商品更生动好看，这其实是为了适合视觉生理与视觉心理平衡的需要。从生理上来讲，视觉器官对光色和明暗具有协调与舒适的要求，凡满足这种条件的光色和明暗关系就能取得生理和谐的效果。关于这一点，较早研究色彩生理学、心理学和色彩美学的科学家如歌德、埃瓦尔德·赫林都有过类似的结论。伟大的艺术教育家、理论家和画家约翰内斯·伊顿在他的《色彩艺术》中指出："如果我们观察黑底上的白色方块，然后把目光移开，这时作为视觉残像出现的是一个黑色方块，反之亦然……眼睛倾向于为自己重建一种平衡状态……因此，我们视觉器官的和谐就意味着一种精神生理学的平衡状态，在这种状态中，物质的异化与同化是相等的。中性灰色就能产生这个状态。"较新的科学研究报

告更进一步地通过对视网膜上锥体细胞的变化和感光蛋白等神经生理层次的研究证明了这一点。合乎比例的亮度对比、明暗对比会使视觉满意、和谐，这种和谐导致了人们愉悦的心情，这样的情绪容易使人做出购买的决定。这是在视觉印象的层次上，恰当的光色和光环境对顾客做出购买决定的非直接的作用。

☆ 图 3-99

（4）当光色激起了人们的视觉兴趣，当人们被光环境和谐的明暗对比所打动，当光与影的变化和明暗对比表现出深度和广度……由光色气氛给顾客带来的视觉印象，能够唤起人们喜爱的、迷人的等心理情感方面的活动。浪漫的、精致的、高雅的等带有情感色彩的审美评价，是促成顾客决定购买商品的高级心理活动。康定斯基在《论艺术的精神》中断言：现在，在心理学领域内联想理论再也不能令人满意了。一般来说，色彩直接地影响着精神。当然，在情感、审美这个心理层次上，因人的出身、生活环境和教养的不同，会表现出群体和个体的差异，但这恰恰适合目标顾客非常明确的高级商品专卖店，如图3-100所示。

3. 现代商店卖场对照明的要求

根据照明灯具制造企业对市场的调研，表明了零售商最关心的排在最前面的三个问题依次是：

（1）通过照明改进商品陈列的效果。

❶ 图　3-100

（2）节能。

（3）用更多的光吸引更多的顾客。

由此可见，零售商、商店也已充分意识到商店照明的重要性，它在商品销售上有非直接的作用。

所以，在商店卖场的照明设计上要充分考虑以上几个因素。

3.3.2　商店卖场照明的方式

商店卖场的照明方式有很多，主要可以概括为自然采光、人工照明。

1．自然采光

通常将室内对自然光的利用称为采光。自然采光，不仅可以节约能源，还会使人们在视觉上更为习惯和舒适，心理上更能与自然接近、协调。

根据光的来源方向以及采光口所处的位置，可分为侧面采光和顶部采光两种形式。

侧面采光有单侧、双侧及多侧之分。而根据采光口高度位置的不同，可分高、中、低侧光。侧面采光可选择良好的朝向和室外景观，光线具有明显的方向性，有利于形成阴影。但侧面采光只能保证有限进深的采光要求（一般不超过窗高的两倍），如图3-101所示，更深处则需要人工照明来补充。一般采光口置于1米左右的高度，有的场合为了利用更多墙面（如商店卖场为了争取更多陈列面

积）或为了提高房间深处的照度（如大型厂房等），将采光口提高到2米以上，称为高侧窗。除特殊原因外（如房屋进深太大、空间太广），一般多采用侧面采光的形式。

❶ 图　3-101

顶部采光是自然采光利用的基本形式，光线自上而下，照度分布均匀，光色较自然，亮度高，效果好。但当上部有障碍物时，照度会急剧下降。由于垂直光源是直射光，容易产生眩光，不具有侧向采光的优点。

2．人工照明

人工照明也就是灯光照明或室内照明，它是夜间的主要光源，同时又是白天室内光线不足时的重要补充。

人工照明环境具有功能和装饰两方面的作用，从功能上讲，建筑物内部的天然采光要受到时间和场合的限制，所以需要通过人工照明补充，在室内造成一个人为的光亮环境，满足人们视觉的需要。从装饰角度讲，除了满足照明功能之外，还要满足美观和艺术上的要求，这两方面是相辅相成的。根据建筑功能的不同，两者的比重各不相同，如工厂、学校等工作场所需要从功能来考虑，而在休息、娱乐场所则强调艺术效果，商店卖场则要两者兼顾。如图3-102所示，人工照明不仅可以构成空间，还能起到改变空间、美化空间的作用，它直接影响了物体的视觉大小、形状、质感和色彩，以至于直接影响到环境的艺术效果。

图 3-102

人工照明、自然采光在进行室内照明的组织设计时，必须考虑以下几方面的因素。

（1）光照环境质量因素。合理控制光照度，使工作面照度达到规定的要求，避免光线过强和照度不足两个极端。

（2）安全因素。在技术上给予充分考虑，避免发生触电和火灾事故，这一点在商店卖场尤为重要。因此，必须考虑安全措施以及设置标志明显的疏散通道。

（3）室内心理因素。灯具的布置、颜色等应与室内装修相互协调，使室内空间布局、商品陈设与照明系统相互融合，同时还应考虑照明效果对工作者造成的心理影响以及在构图、色彩、空间感、明暗、动静、方向性等方面是否达到视觉上的满意、舒适和愉悦。

（4）经济管理因素。考虑照明系统的投资和运行费用，以及是否符合照明节能的要求和规定；考虑设备系统管理维护的便利性，以保证照明系统正常高效地运行。

3．光的种类

照明用光随灯具品种和造型的不同，会产生不同的光照效果。照明所产生的光线可以分为直射光、反射光和漫射光三种。

（1）直射光。直射光源发出的光线能够直接照射在商品物件上，如图 3-103 所示，所以商品物件的向光部分明亮，背光部分阴暗，光线的强度分布不

平均。直射光的照明度高，电能消耗少。为了避免光线直射入眼产生眩光，通常需用灯罩相配合把光集中照射到陈列面上。直接照明有广照型、中照型和深照型三种类型。

图 3-103

（2）反射光。反射光是利用光亮的镀银反射罩作定向照明，如图 3-104 所示，使光线受下部不透明或半透明的灯罩的阻挡，光线的全部或一部分被反射到天棚和墙面上，然后再向下反射到工作面上，这类光线较为柔和，让人视觉舒适，不易产生眩光。

图 3-104

（3）漫射光。漫射光是利用磨砂玻璃罩、乳白灯罩或特制的格栅，使光线形成多方向的漫射，或者是由直射光、反射光混合的光线，如图 3-105 所示。漫射光的光质柔和，艺术效果也颇佳。

✿ 图　3-105

在卖场照明中,上述三种光线有不同的用处,它们之间不同比例的配合就能产生多种照明方式。

4.照明的布局形式

现代商店卖场大都采用以下几种方式进行混合照明。

(1)普通照明。如图 3-106 所示,这种照明方式是给一个环境提供基本的空间照明,用来把整个空间照亮。它要求照明器布置均匀,以确保照明的均匀性。

✿ 图　3-106

(2)商品照明。这是对货架或货柜上商品的照明,如图 3-107 所示,保证商品在形、色、质三方面都能得到很好的体现。

✿ 图　3-107

(3)重点照明。如图 3-108 所示,它是针对商店的某个重要物品或重要空间的照明。比如,橱窗的照明就应该属于商店的重点照明,通常采用点式光源并配合投光灯具来照明。

✿ 图　3-108

(4)局部照明。这种方式通常是装饰性照明,如图 3-109 所示,用来制造特殊的氛围。

(5)作业照明。主要是指对柜台或收银台的照明,如图 3-110 所示。

(6)建筑照明。如图 3-111 所示,用来勾勒商店卖场所在建筑的轮廓并提供基本的导向,营造热闹的气氛。

一个商店的照明设计是否能够切实地帮助商店卖场实现灯光照明的目的和效果,主要是由普通照明、商品照明和重点照明这三种照明方式的照明变量所控制的。

❀ 图 3-109

❀ 图 3-110

❀ 图 3-111

5．照明的计算方法

照明精确的计算方法很多，对于设计人员来说，应掌握一种较为粗略的计算方法，并对此有所了解。首先要了解照明的一些基础知识。

（1）光通量单位。流明（lm），是指发光体发出的光量总和，即光源的光通量。

（2）光强单位。坎德拉（cd），是指发光体特定方向单位立体角内发射的光通量。

（3）照度单位。勒克司（Lux 或 lx），是指单位面积内所入射光的量，也就是光通量（lm）除以面积（m^2）所得的值，用来表示某一场所的亮度。

（4）亮度单位。cd/m^2，是指发光体特定方向单位立体角内单位面积上的光通量。

（5）光效单位。流明／瓦（lm/W），是指光源将电能转化为可见光的效率，即光源消耗每一瓦电能所发出的光通量，数值越高表示光源的效率越高。光效是考核光源经济性能的一个重要参数。

（6）色温。色温以绝对温度 K 来表示，是将标准黑体加热，温度升高至某一程度时颜色开始由红→浅红→橙黄→白→蓝白→蓝逐渐变化的情况。利用这种光色变化的特性，当某光源的光色与黑体在某一温度下呈现的光色相同时，我们将黑色当时的绝对温度称为该光源的相对色温。

（7）显色指数（Ra）。这是指衡量光源显现出被照物体真实颜色的能力参数，显色指数（0～100）越高的光源对颜色的再现越会接近自然原色。

（8）平均寿命。这是指在其质量受控的情况下，点燃一批灯，其完好率为 50% 时所用的小时数作为灯的平均寿命。

（9）经济寿命。这是指在同时考虑灯的损坏以及光输出衰减的状况下，其综合光输出减至一特定比率时的小时数。

（10）功率因数。这是指线路实际输入功率与表面功率的比率，它的理想值为 1。

（11）灯具效率。这是衡量灯具利用能量效率的重要标准，它是灯具输出的光通量与灯具内光源输出的光通量之间的比例。

（12）谐波含量。这是从周期性变化量中减去基频分量后剩下的其他分量。

（13）常用灯头型号。E14、E27、E40、B22（字母 E 代表螺口。另外，B 代表插口，数字代表灯头圆柱直径）。

在照明设计的最初阶段应采用"单位容量法"进行估算,单位容量值就是指在 $1m^2$ 的被照面积上产生 1lm 的照度值所需的瓦数。

计算照明的总容量,是为了进一步求出所需灯具的数目和功率,公式如下:

$$照明总容量(W)=单位容量值 \times 平均照度值 \times 房间面积$$

如果一个空间有多个光源(如白炽灯为 200W,荧光灯为 40W,气体放电灯为 250W),计算时是取整个平面照度的平均值。如果房间较多,或是采用了间接照明,光通量的损失是很大的,所以计算时就该比实际需要多计算 20% ~ 50% 的输入容量。

例如,某会议室平面面积为 6m×4m,高为 4m,工作面(距地面为 85cm)上的照度为 125Lux(查表所得),采用间接照明型的白炽灯照明,天棚与地面都是浅色。试求房间所需照明总容量和灯具数目,并求出功率 N。

$$N=0.32W \times 125Lux \times 24m^2=960W$$

光通量的损耗按 20% 计算:

$$960W \times 20\%=192W$$

$$960W+192W=1152W$$

这样确定房间应安装功率为 200W 的白炽灯 6 个(两排,每排 3 个),即可满足 125Lux 的照度要求。

在商店卖场照明设计中对这些量化指标、设计单位应反复演算,电器工程师和照明美学设计师应通力协作,有条件的单位要借助照明设计软件进行机上模拟和验算。这些量化指标的相对准确不仅涉及照明质量和效果的评价,还涉及用户成本。另外,在光源的选择、照明器和电器附件的配套方面也要通盘考虑。目前商店的照明设计和工程实施中仍存在很多问题,比如,有的大型连锁超市的管型荧光灯裸装时缺少配光,这不仅造成光效和能源的浪费,而且有眩光;一些时装专卖店由于设计单位不专业,普通照明和重点照明不明确,灯光显得十分混乱,或者普通照明的照度太高,灯布置得太密,这不仅会造成浪费,而且会使重点照明无法突出;有的商店橱窗使用很多的卤钨灯,却未采用光效更高的金卤灯;还有的商店竟然把节能灯露在灯具外一截;另外,很多商店普遍存在着光色选择不当的行为。

3.3.3　商店卖场照明设计的原则和技巧

商店卖场的销售方式是由顾客进行商品的自由选择,如果顾客看不清商品,他们就不会购买,因此照明基本的要求首先就是明亮。其次,如果光线平均分配,没有重点,就没有吸引力,顾客同样不会产生购买欲望。由此可见,应该合理安排照明,使之取得良好的效果和层次感,使陈列的商品产生极大的魅力。

1.照明设计的基本原则

(1)安全性。照明设计必须首先考虑设施的安装、维护和检修的方便、安全,以及运行的可靠,防止因短路、漏电等造成火灾和伤亡事故的发生。诸如分电盘和分线路一定要有专人管理,在危险的地方要设置明显标志。

(2)适用性。是指能提供一定数量和质量的照明,以便保证规定的照度水平,满足员工工作和顾客购物的需要。灯具的类型、照度的高低、光色的变化等都应与使用要求相一致。一般的商店卖场的工作环境需要稳定柔和的灯光,使人们能适应这种光照环境而不感到厌倦。

(3)经济性。在工程设计中确定照明设施时,要符合我国当前的电力供应、设备和材料方面的实际生产水平,尽量采用先进技术,充分发挥照明设施的实际效益,降低经济造价,从而以较少的成本获得较大的照明效果。在光源和灯具的选择上要充分考虑高效节能性。新的国家标准《建筑照明设计标准》(GB 50034—2004)对房间和场所的照明功率密度值进行了严格的规定,除住宅外,其他建筑必须强制执行。

(4)艺术性。照明装置具有装饰卖场、美化环境的作用,特别是对于装饰性照明,更有助于丰富空间的深度和层次,显示被照物体的轮廓,表现材质美,使色彩和图案更能体现设计者的意图,达到美的意境。因此,要正确选择照明方式、光源种类和功率、灯具的形式及数量、光色与灯光控制器用以改善空间感,增强商店卖场环境的艺术效果。

2. 照明应用中的若干技巧

（1）越高级的商店,基本照明的照度就可设计得越低些,如图3-112所示。顶级商品专卖店,尤其是顶级时装专卖店,基本照明甚至可以低于最低值100Lux,但是不能低于75Lux。可在这个基础上把重点照明系数拉高些,使明暗的对比度加大。但由于视觉健康的约束,重点照明系数不能超越本文给定的最高值。应特别指出:合乎比例的亮度对比、明暗对比会使视觉感到和谐,这种和谐会使人产生愉悦的心情,这样的情绪容易使人做出购买的决定。

✪ 图 3-112

（2）增强光影的戏剧性表现。如图3-113所示,对于重要商品、贵重商品和陈列品,一定要避免照明及光亮度的平均化,在被照对象上应该有局部的或点状的照明。

✪ 图 3-113

（3）橱窗照明是非常重要的,要用最亮的照明。特别要强调的是,如果商店卖场是临街的,不是大商店中的小商店,那么应该设计和安装两套橱窗照明,如图3-114和图3-115所示,一套是针对晚上,一般用卤钨灯就够亮了;另一套是针对白天,橱窗的照明要和日光形成反差,这时就要采用反射型金卤灯了。

✪ 图 3-114

✪ 图 3-115

（4）要重视显色性指数。在初期投资和用户成本允许的情况下,应尽量使用显色性高的光源产品,如图3-116所示,这是保证商店具有丰富而饱满的色彩的前提。

图　3-116

3.3.4　商业照明设计的实施

良好的商业照明设计需要具备两个特点。一是可见度和吸引力。对于商店卖场来说，可见度和吸引力是十分重要的，要对特定物体进行照明，提升它们的外在形象，从而使它们成为注意力的焦点。二是舒适的光环境。优质的照明能够激发情绪和感觉，进而加强品牌的渲染力。

1．商店卖场照明设计的流程

大概可分为以下 5 个步骤。

（1）构思。首先要考虑业主、建筑设计的要求，同时结合商店卖场的性质和周边环境等因素，最后确定预算。

（2）确定设计原则。设定了照明理念后，尝试想象空间光的分布，并对商店卖场各区域有一个初步的界定。

（3）进行基本设计。在基础照明方面，应先确定照明手法和照度，然后再挑选合适的灯具、光源。而在商品照明和环境照明等方面则要着重设计空间光的分布。

（4）实施设计。在实施设计的过程中，可通过照明软件进行照度计算，确定各类灯具的数量，进

行照度的确认和调整，确定预算的可行性，并制作施工图纸。

（5）施工。最后在施工现场重新确认设计，搜集各种相关数据，进行灯光调试。

2．具体照明方式和灯具

（1）收银台。收银台的照度可以略低，照度值控制在 200 ～ 300Lux 即可，可选择 LED 射灯或小功率大角度宽光束的 LED 射灯来实现。收银台处的灯具安装在收银台内侧的正上方位置，既可提高灯光的使用效率，又能清晰地展示收银员热情、亲切、甜美的笑容。必须有效控制眩光的产生，减少灯光对人眼的刺激，如图 3-117 所示。

图　3-117

（2）展示橱窗照明。作为商业店铺的门面、宣传的窗口，橱窗照明要具有吸引力，首先是照度要高，与商铺地位适应，给街道上来往的人们产生一种新颖、明亮感。一般橱窗内的照度应相当于营业场所照度的 2~3 倍，并考虑白天和夜晚的不同照度要求，实行分组控制，既可以用白色强光，也可以用彩色灯光。如图 3-118 所示，通过戏剧性灯光效果可以吸引经过者。

图　3-118

（3）展示柜照明。照度值与照度比：该区域的照度值比形象墙的照度要略低，一般在 800 ～ 1000Lux。鉴于陈列特点，该区域的整体照度不需要强烈的明暗对比，而应保持相对均匀。如图 3-119 所示。

⊕ 图 3-119

（4）形象墙照明。照度值控制在 1500Lux 左右，可选择一组 30W（2～3个）小角度窄光束光源来实现。形象墙处灯具的安装位置根据形象墙上标识大小及位置而定。一般来说，灯具离墙的位置为 50cm 左右。若 Logo 位置偏高，则灯具离位置可以稍小，离墙位置为 30cm 左右；若 Logo 字体较大，位置偏低，则灯具离墙位置为 70～80cm。如图 3-120 所示。

⊕ 图 3-120

（5）天花板照明。其目的是拓展空间，提升天花板高度，并通过长长的、没有阴影的、没有中断的光形成的线条，创造开敞感和空间感应，如图 3-121 所示。

⊕ 图 3-121

（6）试衣间照明。试衣间展示的效果关系到销售的成败，因此必须选用 Ra 大于 90 的大角度 LED 射灯清晰地展示商品的形式和纹理，使商品颜色真实自然。同时眩光的产生也将会影响客户的适宜体验，所以必须加强对眩光有效的控制。

（7）配套空间（仓库、员工休息室）照明。要符合相关标准。

（8）指示照明。让客人很方便地购物并流动。

3．商业照明需考虑环境需求

由于商店卖场自身的复杂性，设计商业空间照明时，除了要考虑基本照度外，还需考虑与实际的环境需求相配合的各种重点照明，两者只有和谐统一，才可营造出一个理想的整体照明效果。

对照明效果有影响的因素包括照度、色温、灯具配光、显色性等。不同区域可以使用不同照度，使客人对产品和空间产生不同的感觉，进而产生空间上的愉悦感和舒适感（天花板和垂直面的亮度变化起着至关重要的作用）。而商店卖场照明设计通过色温与照度的搭配就能够创造出个性化的商业空间。

在商店卖场中使用高显色性 (Ra>80) 的光源是基本的照明设计原则，有时候也可采用（魅力性的）显色方法创造一些颜色差异。

总体来说，只有充分把握地板、墙壁、天花板的颜色和反射率，以及商品的材质颜色和灯具的不同配光，才可以产生各种效果。

4．商店卖场的照明发展趋势

（1）更加注重光源的质量，主要表现在以下方面。

①更高的照度水平；②更多的重点照明和明暗对比；③更高的显色性，没有频闪；④减少对商品褪色的影响。

（2）追求自然光的照明效果，主要表现在以下方面。

①改变光源的光通量、光强和颜色；②人造日光和动态照明。

（3）绿色和环保，主要表现在以下方面。

①增加对环保的考虑；②政府应加强对户外照明的管理；③首选可循环和可再利用的产品包装；④提倡节能，注意灯的功率、热损耗与冷却成本。

（4）关注维护成本，主要表现在以下方面。

①考虑光源的寿命以及替换的成本；②注重照明的灵活性，能在需要时随时对照明进行调整。在不同的时间实行不同的照明方式，能够适应商品布置的变化。

3.4　商店卖场的营业空间设计

商店卖场的营业空间设计成功与否，不仅影响到商店卖场的现实利益，而且关系到商店卖场的发展和延伸。在设计上不仅要体现商店卖场经营的特色，还要不同程度地表达商店卖场的风格、理念和人文概念。商店卖场营业空间的设计也就是商店卖场的内部布局及设计，它对进店购物的顾客和企业管理人员、营业人员的现场操作都有十分重要的意义。合理的设计不仅可以提高商店卖场有效面积的使用水平及营业设施的利用率，还能为顾客提供舒适的购物环境，使顾客获得购物之外的精神和心理上的某种满足，并产生今后再次光顾的心理向往。总之，营业空间设计是为了满足交易活动的需求，为商店卖场提供更多的交易机会，使采购者有一个舒适的购物环境，既要便于商店卖场合理组织客流，又要满足安全疏散等要求。

3.4.1　购物空间设计

1．商品的分类

属于商业经营的商品种类多，范围广，一般常见的大体可分为以下几大类。

（1）食品部：销售烟酒、茶叶、罐头、肉食、饮料、糕点、各种小食品、冷冻食品等。

（2）百货部：销售化妆品、小百货、搪瓷、玻璃、不锈钢、塑料制品、儿童玩具及各类皮具等。

（3）文化用品部：销售文具、体育用品、中西乐器、钟表眼镜、照相器材、通信器材等。

（4）五金交电部：销售五金交电、家用电器、机械用具、消防器材等。

（5）服装部：销售女装、男装、童装及中老年服装等。

（6）纺织部：销售毛线品、绒线、内衣、袜子及床上用品等。

2．商品布置原则

为了便于经营管理，方便顾客选购，提高营业面积的使用率，商品布置应遵循以下原则。

（1）根据商店规模大小，如图3-122所示，按商品性质划分为若干商品部门或货柜组合。不同规模的商店经营货品的种类也有所不同，可将内容相近的货品集中布置或组成毗邻的商品部或柜组。

❶ 图　3-122

（2）按顾客对商品的挑选程度和商品特点布置商品部。商品功能、尺寸、规格各有不同，顾客对商品的挑选程度也有所不同。可将挑选程度较弱的小百货、日用品布置在底层；将挑选时间较长、过程复杂的商品，如服装、电器等布置在相对独立的空间内，远离出入口，以便顾客安心挑选，同时保证顾客、货物路线畅通；对于体积大而重的商品，如大型家电、五金及运动器械，宜布置在首层或地下层，便于搬运；将金银珠宝、手表精品等价值高，但顾客流量和销售量不大的商品放在安全、安静、便于挑选、便于管理的环境中。

（3）应按商品交易次数、销售量的多少、季节的变化和业务的忙闲规律合理布置商品柜。将方便顾客购买的商品和季节性、流行性强的商品放在1～3层，如图3-123所示；将交易次数多、销售繁忙的商品柜与销售清淡的商品柜间隔布置，便于人流在营业厅中分布均匀，提高营业面积的使用率。顾客较密集的售货区应设置在出入方便的地段。

图 3-123

（4）按商品特性及安全保管条件布置商品柜。针对需冷藏、自然采光、防潮、防串味的特殊商品的特性，合理布置商品柜架。对于易燃（如火柴等）商品应加强安全保管措施并应单独放置。

（5）按有利于增添营销空间的魅力来布置商品柜。外观新异、色彩丰富、陈列效果好的商品宜布置在营业厅的突出位置和顾客视线集中的部位，如将化妆品类放在进入口处，以增强营业厅的视觉效果，产生琳琅满目、富丽堂皇之感。营业厅内售货区面积可按不同商品种类和销售繁忙程度而定。营业面积指标可按平均每个售货岗位15m²计算（含顾客占用部分）。也可按每位顾客1.35m²计算。但当营业厅内堆置了大量商品时，应将指标计算以外的面积计入仓储部分。

3．售货现场布置形式及特点

售货现场的布置形式与商店卖场的经营策略、管理方式、空间形式、所处环境、采光通风的状况及商品布置的艺术造型等有关。柜架的设置应使顾客流动通畅，便于游览与选购，使营业人员工作方便快捷，也可提高货架的利用率。售货现场有以下几种常见的布置形式。

（1）顺墙式。柜架、货架顺墙排列，又分为沿墙式和离墙式布置。以传统封闭式中的高货架为常见，陈列商品多，但连续顺墙式布置高货架易使空间显得封闭。

① 沿墙式。如图3-124所示，柜台连续且较长，可节省营业员人数，但高货架不利于高侧窗的开启，不便于采光通风，在无集中空调的寒冷地区不利于设置暖气片。

图 3-124

② 离墙式。货架与墙之间可作为散仓，要求有足够的柱网尺寸，但占用营业厅面积多，不经济。

（2）岛屿式。营业员工作空间四周用柜台围成闭合式，中央设置货架形成岛屿状布置，常与柱子相结合，如图3-125所示。岛屿式又分为单柱岛屿式、双柱岛屿式及半岛式，其中半岛式又分为沿墙式或离墙式两种形式。岛屿式有正方形、长方形、圆形、三角形、菱形、六边形、八角形等多种形式。在传统的营销方式中，一般除了沿墙布置单边柜台外，内部空间结合通道尽可能采用岛屿式双边柜台，柜台的长短与营业额直接相关。柜台周边长，存放商品多，形式多样，布置灵活，便于商品分档，利于商品展示。中央货架拉开布置可形成散仓,在不影响顾客视线的前提下,将储藏空间与柜架有机结合,使营业现场商品量充足,保证了买卖活动的正常进行。大型商店卖场较多采用此种布置方式,因为这种布置方式能减低商店内拥挤杂乱的感觉。

$\oplus$ 图　3-125

（3）斜交式。柜台、货架与柱网轴线成斜角布置。斜线具有动感,图 3-126 所示的斜交式的布置方式可吸引顾客不断沿斜线方向进行,形成深远的视觉效果,利于商品销售。斜交式空间既有变化又有规律,入口与主通道联系更为直接,方向感强,减少了入口人员人流的拥堵。对商店卖场来讲,采用此种布置方式较便于管理。斜交式通常以 45° 布置,这样可避免货柜相交处出现锐角的情形。窄长的小营销空间可采用此种布置方式,它能够拓宽空间,并有减少狭长感的效果。

$\oplus$ 图　3-126

（4）放射式。柜架围绕客流交通枢纽呈放射式布置。交通联系便捷,通道主次分明。各商品柜组应注意小环境的创造,以突出商品特色,避免单一的布置形式所带来的单调感。

（5）自由式。如图 3-127 和图 3-128 所示,柜架随人流走向、密度变化及商品部划分呈有规律性的灵活布置。空间可营造轻松愉快的氛围,但应避免杂乱感,并在统一的环境基调下自由布置。

$\oplus$ 图　3-127

$\oplus$ 图　3-128

（6）综合式。几种布置形式有机地综合运用。如图 3-129 和图 3-130 所示,采用综合布置形式可更充分灵活地合理利用空间,这种空间富于变化,避免了同一种布置形式所带来的枯燥感,增添了趣味性,给顾客以新鲜感,从而增加购买欲。

⊕ 图 3-129

⊕ 图 3-130

实际设计时,应考虑影响售货现场布置形式的各主要因素,分析空间特点,充分利用空间并注重功能要求,要综合运用多种布置形式。

4. 售货现场设施及组合

售货现场设施有货柜、货架、收银台等,在营销活动中起着十分重要的作用。在售货现场,柜台、货架通过组合完成其功能,不同的营销方式售货现场设施也有不同的组合形式,并依据商店的经营策略、管理方式、空间形状和艺术造型等形成不同的售货现场布置形式。

（1）封闭式。在传统封闭式的售货方式中,柜架的组合方式较固定,营业员位于柜架之间,起决定作用的因素为营业员工作空间的走道宽度,如图3-131所示。即柜台与货架之间的距离,应方便营业员取放商品,避免因过窄而使营业员行动不便或过宽造成营业员体力损耗及降低营业面积的使用率,其一般宽度为750～900mm。货架前若设有矮柜,宽度可增加至1100mm。

⊕ 图 3-131

（2）半开敞式。在半开敞式的营销方式中,通常的货架组合为"回"字形,货架在周围,有时中心位置也可设少量货架,如图3-132所示。其组合间距应考虑顾客与营业员穿插流动的需要。

⊕ 图 3-132

（3）开敞式。在开敞式的营销方式中,货架的组合演变为货架与货架的组合,如图3-133所示,通常的组合方式为行列式。其间距除考虑顾客通行的要求外,还应考虑顾客在没有柜台的情形下挑选

✦ 图　3-133

商品的活动范围。

5. 商品货架设计

售货现场设施及其布置取决于人体尺度、活动区域、视觉有效高度等因素,同时还应考虑在造型风格、选材、色彩上的整体系列性。应使其符合人体工程学,易观赏、易拿取商品,方便使用,并有利于烘托和突出商品各自的特性及营业厅的空间环境。

人的正常有效视觉高度范围是从地面向上300 ~ 2300mm,其中重点陈列空间为从地面向上600 ~ 1600mm;顾客识别并挑选商品的有效高度范围为地面上600 ~ 2000mm;选取频率最高的陈列高度范围为900 ~ 1600mm;墙面陈设一般以2100 ~ 2400mm 为宜;2000 ~ 2300mm 为陈列照明设施空间。

(1) 柜台。柜台用于供营业员展示、计量、包装出售的商品及方便顾客参观、挑选商品,如图 3-134所示,柜台可以全部用于展示商品,也可以上部展示商品、下部用于贮藏。在销售繁忙、人员拥挤的销售环境中,货柜需要储存一天销售的商品量,可利用柜台的下部作为存放货品的散仓,也可作为营业员的私用空间。在传统的封闭式售货方式中,柜台是必不可少的,且数量较多。在半开敞的营销方式中,柜台的传统形式已有所转变,其更强调商品的展示功能,而且更注重其自身的造型,并把造型作为体现商品品牌、品位的方式之一。柜台的尺度一般如下。

✦ 图　3-134

① 高度:一般为 900 ~ 1000mm。

② 宽度:一般为 500 ~ 600mm。但有的特殊商品会根据其本身的要求使宽度有相应的变化,如纺织区柜台宽度一般为 900mm。

③ 长度:单个柜台一般为 1500 ~ 9000mm。

为了增加陈列的效果,可在柜台内壁安装镜面。

(2) 货架。货架是营业员工作现场中分类分区地陈列商品并少量储存商品的设施。货架的尺度一般如下。

① 高度:一般为 1800 ~ 2400mm,以 2100mm 为常见。

② 宽度:一般为 300mm,其前面底部可以增加一矮货架以扩大底部空间,可用于存放尺寸较大的货物。同时,其顶面可供营业员放置临时物品,宽度可增大 600 ~ 700mm。应注意货架的观看范围要尽量大,光线要充足,这有助于衬托商品的价值和看清商品细部。

在半开敞的营销方式中,由于售货方式的改变,传统的货架形式、尺寸也会有所改变,下部的储藏空间高度减小,由传统封闭式的 800mm 左右降至 400 ~ 600mm,加强了货架的展示功能。货柜的上半部一般用于陈列展示商品,下半部为营业人员使用。货柜的造型更加丰富。

在开敞式的营销方式中,货架将展示陈列与存货功能彻底合二为一,如图 3-135 所示,仓储式开架售货现场采用高货架。除此之外的开敞式售货方式常采用低货架及高低货架相结合的方式。

❶ 图 3-135

3.4.2 交通空间设计

营业厅内的交通与流线组织紧密相关,室内空间的序列组织应清晰有序,交通空间应连续顺畅,流线组织应明晰直达,使顾客顺畅地浏览选购商品,并能迅速、安全地疏散。在满足正常经营需要外,还要考虑应急的消防、地震等安全疏散要求。营业厅的交通空间包括水平交通空间和垂直交通空间。水平交通是指同层内的通道,垂直交通是指不同标高空间的垂直联系（如楼梯、电梯和自动扶梯）,它们都是引导顾客人流的重要功能构件。在室内空间中主要通过柜架的布置来划分水平交通空间,柜架的布置应形成合理的环路。垂直交通工具应与各层通道有便捷的联系,形成整体的交通组织。

1. 顾客通道宽度

顾客通道是指供顾客通行和挑选商品的场所,如图 3-136 和图 3-137 所示,应有足够的宽度保证交通顺畅,便于疏散,但过宽的通道会造成面积的浪费。在全开敞和半开敞式的营销方式中,买卖空间界线无明显划分,在一个主通道上可有多个单元出入口和通道与之连通,方向性人流没有封闭式营销方式那么集中,其水平通道宽度除特殊情况外,可比封闭式通道稍窄,这样会拉近顾客与商品之间的距离。

❶ 图 3-136

❶ 图 3-137

2. 营业厅的出入口与垂直交通

营业厅的出入口与垂直交通对顾客流线组织起着决定作用,设计时应考虑合理布置其位置,正确计算其总宽度及选择恰当的类型与形式。通道疏散口应有引导提示标志牌。

（1）营业厅出入口的布置。出入口的位置、数量和宽度的大小根据人数多少、流线走向分出主次,应合理配置,保证顾客顺利进入营业厅并均匀地疏散。出入口应分布均匀并有足够的缓冲面积。大中型商店建筑应有不少于两个方向的出入口与城市道路相邻接;一般中型商店出入口应不少于两个出入口,并有一个出入口与城市道路相邻接。营业厅的出入口、安全门净宽不应小于 1.4m,且不应设置门槛,如图 3-138 所示。在空间处理上,直接对外的顾客出入口应宽敞明亮,内外空间交融渗透,这样便于更好地吸引顾客进入商店游览购物。顾客出入口应有橱窗、遮阳、避雨、除尘等设施,与室外停车场及周围的环境应有相互呼应的关系。

✪ 图　3-138

（2）垂直交通的联系方式及布置。垂直交通的联系方式一般有楼梯、电梯和自动扶梯。根据商店的规模,可单独使用楼梯或几种共同使用。楼梯应分布均匀,保证能迅速地运送和疏散顾客。主要楼梯、自动扶梯或电梯应设在靠近出入口的明显位置。商店竖向交通的方便程度对顾客的购物心理、行为和商店的经营都有很大的影响。

以楼梯为主的竖向联系的交通,一般的设置方式为敞开和位于大厅中间,其造型的艺术处理起丰富营业厅的作用。每梯段的净宽不应小于 1.4m,踏步高度不应大于 0.16m,踏步宽度不应小于 0.28m。每个梯段的踏步一般不应超过 18 级,也不应少于 3 级。台阶高宽尺寸应相同。消防楼梯应符合防火规范。大型百货商店、商场建筑物营业层在五层以上时,应设置直通屋顶平台的疏散楼梯间。

营业层四层以上应设电梯,并且与楼梯相邻。电梯应留有足够的等候及交通面积。避免通过楼梯和电梯上下的人流出现交叉。较大的商场在中厅可设置观景电梯作为辅助交通设施,从而增加空间环境的动感。

自动扶手梯能运载大量人流,且有引导人流的作用,常与场内中厅相结合,具有一定的装饰效果。它占地面积大,对连续的商店卖场有显著的优越性,是大型商场中必不可少的。自动扶手梯的常见配置方式一般有直列式、并列继续式及剪刀式。自动扶手梯上下两端应连接主通道,两端水平部分 3m 范围内不得兼作他用,如图 3-139 所示。

✪ 图　3-139

高度不同的商业空间,采用联系上下层空间的自动扶梯、开敞式楼梯及观光电梯等竖向联系构件,把不同标高的多个空间串联起来,相互渗透,这样不仅起到引导顾客流动的作用,还增加了营销空间的连续性,同时给空间带来动感,具有活跃气氛的效果。顾客在通达上层空间的过程中,会方便游览、观赏到整个营业大厅,不同的高度使人产生不同的心理感受,因而加强了对该场所的认识与记忆。

（3）交通枢纽中厅。在大型商场及购物中心,常设有中厅,在其中设置自动扶梯和观景电梯,快速大量地运送人流,成为人流交汇分流的交通枢纽,并起着引导人流的作用。当中厅设有多部自动扶梯时,有的扶梯可直达较高的楼层,使想购买位于高楼层商品的顾客交通更加便捷。自动扶梯与观光电梯在中厅空间内高低错落,既丰富了中厅的景观,又达到了步移景异的视觉效果,增加了中厅的动感和节奏感,活跃了空间,加强了不同楼层的视觉联系,空间层次丰富,通透开敞,提供了人看人、人看商品的机会。商场若有地下营业厅,则中厅往往就从地下层起始,使地下层与地上层空间通过中厅贯通,减弱了地下空间的封闭隔离感,空间开敞明快,具有吸引力,改善了人们多半喜爱在地面及以上各层活动的情形。

中厅既满足了人们对购物、休闲、观赏、交往等的需求,又满足了大众对开敞明快、有生机、有活力的营销空间的向往,中厅能体现出时代的特色,成为发展的趋势。图 3-140 所示为法国建筑师努维尔的设计，大厅中央设一面大圆镜，反射这个楼宇拱廊的中心，视线穿梭于各层之间。通过镜面，游客们有一种演员登临舞台的感觉。

☼ 图 3-140

（4）重点装饰及空间变化对流线的引导作用。重点装饰的设计、空间的变化、视线焦点的组织和视差规律的运用也为顾客流线起到了引导作用。

营销空间中的照明设计、色彩处理、材质变化及广告标志等重点装饰起到吸引视线及引导客流的作用。如在入口处设置商品分布导购示意图，使顾客一目了然，吸引并引导人流，如图3-141所示。良好的广告应具有良好的视觉效果，用简短的文字、独特的造型和明快的色彩突出商品的特色，使人一目了然。其主要是通过文字、图形、色彩、材料、音像等有形与无形的广告牌传递商品的特征、商店经营及销售服务的方式等商业信息来招揽顾客。其表现形式分动态和静态两类。

☼ 图 3-141

营销空间中某些标志对顾客的流线也能起到很好的引导作用。比如各类商品的标志牌及楼层营销的商品内容指示牌等，如图3-142所示。标志分定点标志、引导标志、共用标志和店用标志，其设置方式分悬挂、摆放、附着、固定等类型，设计时可对其位置、尺度、式样、颜色做统一考虑，并注意文字的字形、大小与基底色彩关系，使其容易辨认。各商品区的标志牌可设计成形象化的图案，配以各色霓虹灯，使顾客在较远的距离即能发现所要寻找的商品。

☼ 图 3-142

根据人们的视差规律，通过空间围护部件如顶棚、地面、墙面等的巧妙处理，以及玻璃、镜面斜线等的适当运用，可使空间产生延伸和扩大感。营销空间中的斜向布置既缩短了顾客的交通线路，同时又相对地增大了视距，使空间产生扩大感与深远感，玻璃的通透及镜面的反射也使空间渗透连续和延伸，起到增添商业气氛的作用。

3.4.3 展示空间设计

商品陈列是商业建筑内部环境设计中的重要组成部分，通过展示陈列商品可以突出商品的特征，增强顾客对商品的注目、了解、记忆与认知程度，并从视觉效果到触觉需要来诱导顾客。商品陈列的效果与商店的空间尺度、商品陈列的位置（高度、深度）、商品与顾客之间的距离及商品陈列的方式有关。运用对比、协调、主从等手法处理商品、商品与背景、商品与陈列设备等的关系，可以表现出商品的质感和美感,产生生动丰富的效果。

1. 陈列原则

展示陈列空间是商场中的重要空间,是商场整体形象中的一个亮点,其设计时应注意以下几点。

(1) 人性化原则。比如家居用品陈列尽量提倡一种生活化的经营,体现在产品陈列上会比较人性化、温情化,让人轻松自在。对于沙发、软体床等触感性很强的家具,陈列时应尽可能方便顾客的体验。如图 3-143 所示,卫生洁具就以情景模式进行展示陈列,方便顾客体验。

⊕ 图　3-143

(2) 美观性原则。如图 3-144 和图 3-145 所示,商品的陈列要美观大方,富有艺术感。美观而富有艺术性的陈列会给人以美的享受,提升商品的层次,增加消费者的购物乐趣,激发人们的购买欲望。

⊕ 图　3-144

⊕ 图　3-145

(3) 促进商品销售原则。展示与陈列要尽量满足顾客的方便并能愉悦顾客,但这不是商品展示的最终目的。商品展示陈列要与商店的促销活动密切配合,依据目标顾客人群的购物心理,重视展示的艺术性与感染力,通过艺术的展示手段引导顾客购买,最终实现促进商品销售的目的。

(4) 提倡商品文化原则。商品是人类艺术文化的物质载体,商品不仅体现为一种用品,还体现为一种生活方式和艺术文化形态,这就是商品的精神内涵。所以一个商家不仅仅是用品的销售者,更是生活方式和艺术文化形式的提倡者。如图 3-146 所示,地板商找准适应现代生活的产品文化核心,利用自然生态与中国传统木家具,塑造特色的商业文化空间来赢得顾客的青睐。

⊕ 图　3-146

（5）品牌形象性原则。不同的品牌个性决定了不同的品牌形象定位。商品的陈列必须要符合品牌的形象、气质和特点，必须使陈列与品牌的整体形象相吻合。

（6）安全性原则。商品在展示陈列时既要考虑其吸引力，又要保证商品的安全性。大型商品要陈列在稳定牢固的地方，小件商品要不易散落，商品陈列不能阻碍人流疏散通道和安全逃生门等。

（7）体现商品特色原则。展示空间的设计是为了体现商品特色而服务，可通过各种艺术处理手段来体现商品特色。还可以利用一些装饰物和道具模拟情景陈列来加强商品的特征。如图3-147所示，有声读物店借用音响等电子设备，使顾客能形象生动地体会到商品的实际使用效果。

⊕ 图 3-147

（8）引导信息原则。进行合理的商品布局以引导顾客接受信息，节省顾客购买过程中用于搜寻商品所花费的时间和精力。商品布局时还要考虑商场的目标消费群体的年龄结构、性别比例、购买习惯等一系列相关因素。

2．橱窗设计

现代橱窗艺术是非常多元化的，有两维的巨型平面海报，也有以光电科学输出表现的光电艺术，更有甚者采用真人模特在设定的橱窗场景内进行情景表演，将展示商品的空间由静至动，以吸引、集结人们更多的注意力。橱窗设计就空间规划而言，从早期的与室内空间组成一道墙面的玻璃橱窗，到后来的顾客可以毫无阻隔地从街道上透视内部商品的陈列，如此"一体成形"的空间美学就更加符合现代人对服务透明化的要求。同时，导购人员统一的着装与周到的服务配合着舒缓的音乐，透过橱窗一览无余地展现在行人的面前，展现了品牌的风采。这和遮蔽性的店面橱窗相比，更具有人文气息，从而会吸引更多的顾客，如图3-148所示。

⊕ 图 3-148

随着社会的进步，近年来许多欧美橱窗设计除了完成商品魅力的诉求之外，还增加了以间接的形式表达更宽广、更深厚的人文关怀或艺术风格。由于今日企业社会责任感的不断加强，橱窗艺术不一定只基于商业目的，对于社会关怀、季节感知、文化气息、速度感、安全感、可以信赖感等抽象意义的传递，企业有着更多的选择性。因此，现代橱窗设计直逼美术馆的功能，不论是在日间的视觉效果，还是在以黑夜为背景的街道上，橱窗还可以展现另一种舞台魅力，随着白天、夜晚光线的变化而映衬出橱窗无尽的魅力。

如图3-149所示，巴黎街头的橱窗设计，各大品牌或是高贵奢华，或是前卫大胆，或是充满温馨童趣，橱窗布置映射出的一条辉煌大道，充分展现了城市的魅力。

另外，橱窗设计要注意进行形象的正确定位，即产品的定位是什么。商店卖场是载体，店面中所有

⊕ 图 3-149

的设计都应与产品所体现的风貌内涵一致。橱窗设计作为一体化的战略模式,它包含了如下几方面。

(1)产品的文化内涵定位。

(2)产品的卖点定位。

(3)色彩体系的定位。

(4)视觉传达主体元素的制订。

(5)终端展示方式的设计及工艺的制订。

(6)展示效果标准的制订。

(7)产品形式分类及规格的制订。

(8)产品视觉风貌的制订。

(9)广告及媒体的传播视觉设计。

(10)产品的内涵及情境等。

3.橱窗的陈列布置

橱窗的布置方式主要有以下几种。

(1)综合式橱窗布置。如图 3-150 所示,它是将许多不相关的商品综合陈列在一个橱窗内,以组成一个完整的橱窗广告。这种橱窗布置由于商品之间差异较大,设计时一定要谨慎,否则就给人一种"什锦粥"的感觉。综合式橱窗布置还可以分为横向橱窗布置、纵向橱窗布置、单元橱窗布置。

(2)系统式橱窗布置。大中型店铺橱窗面积较大,可以按照商品的类别、性能、材料、用途等因素,分别组合陈列在一个橱窗内。

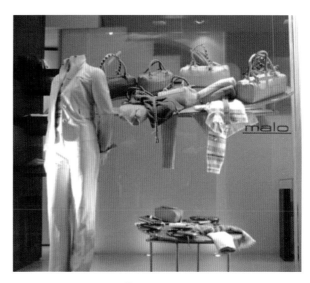

⊕ 图 3-150

(3)专题式橱窗布置。专题式橱窗布置是以一个广告专题为中心,围绕某一个特定的事情,来组织不同类型的商品进行陈列,向媒体大众传输一个诉求主题。它又可分为:①节日陈列。以庆祝某一个节日为主题组成节日橱窗专题,如图 3-151 所示是为圣诞节而设的橱窗。②事件陈列。以社会上某项活动为主题,将关联的商品组合起来的橱窗。③场景陈列。根据商品用途,把有关联性的多种商品在橱窗中设置成特定的场景,以诱发顾客的购买行为。

⊕ 图 3-151

(4)特定式橱窗布置。特定式橱窗布置是指用不同的艺术形式和处理方法,在一个橱窗内集中介绍某一产品,如单一商品特定陈列和商品模型特定陈列等,如图 3-152 所示。

图 3-152

（5）季节性橱窗陈列。根据季节变化把应季商品集中进行陈列，如冬末春初的羊毛衫、风衣展示，春末夏初的夏装、凉鞋、草帽展示，这种手法满足了顾客应季购买的心理特点，可用于扩大销售，如图 3-153 所示。但季节性陈列必须在季节到来之前一个月预先陈列出来并向顾客介绍，这样才能起到应季宣传的作用。

图 3-153

4. 展示陈列的方式

（1）商品汇集式陈列：如图 3-154 和图 3-155 所示，这种方式可使大量商品汇集在一起，体现出丰富性、立体感，营造热闹气氛。但许多商品汇集在一起会使商品自身特点不突出，并列放置的商品在材质、色彩、尺寸、款式上应采取对比的手法来改善展示效果。

图 3-154

图 3-155

（2）开放式陈列：如图 3-156 所示，这种方式可以让顾客自由接触商品以诱发购买欲，这样的展示方式拉近了顾客与商品的距离，使顾客不仅从视觉上而且从触觉上更加了解商品的材质、肌理与触感。

（3）重点陈列：将具有吸引力的商品置于视觉中心处作为展示重点，如在销售手表、金银珠宝等物品的柜台上设置四周以透明玻璃封闭的展示柜，并辅以灯光，用来强调商标自身的价值；也可以设计成电动式，使其自由转动，使商品能多面展示，增强展示效果。

（4）搭配式陈列：如图 3-157 所示，这种方式将并联式商品组合在一起进行陈列，用以体现其流行性、系列性，这种陈列方式加强了顾客对展出的这一类商品的印象。

⊕ 图　3-156

⊕ 图　3-157

（5）样品陈列：用少量商品作为样品来吸引顾客，而大量商品储存在仓库中，这种陈列方式在传统的销售方式中最为常见。

陈列展示中的独立展示柜架放置在所展示的商品销售区域附近，起到突出商品的作用，有时也可设于公共空间中以吸引顾客，其尺寸规格因所陈列展示的商品不同而不同，可置于地面和柜台上，也可与灯光照明相结合来增强感染力。

3.4.4　服务空间设计

大中型商店卖场内，应设卫生设施、信息通信设施及造景小品等，包括座椅、饮水机、废物箱、卫生间、问讯台、指示牌、导购图、宣传栏、花卉等服务设施，可满足消费者购物外的精神需求，延长人们在商场中的逗留时间。如果为增加营业面积而取消顾客附属设施的设置，这将会使空间环境质量下降，减少营业额。

1．问讯服务台

如图 3-158 所示，问讯服务台的主要功能是接受顾客的咨询，为顾客指点所需商品的位置，以及进行缺货登记、服务质量投诉及提供简单的服务项目，如失物招领、针线雨具出借处等。其位置应接近顾客的主要出入口，但又不可影响客流的正常运行。

⊕ 图　3-158

2．顾客卫生间

大中型商店卖场应设卫生间，且便于顾客寻找。可结合楼梯间的设置或与顾客休息处相近，既要方便顾客，又要适当隐蔽，如图 3-159 所示。卫生间应设前室并与营业厅隔离，并且男女卫生间的前室内应各设污水池和洗脸盆，卫生间还应有良好的通风排气装置。商店卖场应单独设置洗污、清洁工具间。

3．维修处

维修处用于消费者检修钟表、电器、电子产品等商品，其用地面积可按每一工作人员 $6m^2$ 计算。维修处可与销售商品的柜台相结合，根据商场的大小和所售商品的内容留出若干柜台用于维修。

4．特殊商品销售需要的设施

某商品如服装、乐器、音箱、电视机、眼镜等在销

🕀 图　3-159

售过程中需要使用一些特殊设施来帮助顾客挑选商品，以提高服务质量及满意度，如服装销售部需要设试衣间；乐器、唱片音箱等制品需要设试音室；照相器材和眼镜销售部应设有暗房，供工作人员进行业务操作和配镜验光之用。在大中型商店卖场中，时常会有新产品展销活动或与厂商联合搞的促销活动，因此需要在营销空间中适当留出部分空间进行展销，展销处人流往往相对集中，设置的营销空间应不影响人流的通行，并保持正常的营销秩序。

3.4.5　休闲空间设计

随着社会的发展，商店卖场已不仅仅是商品买卖的场所，而且越来越体现出休闲的特性。商店卖场内的休闲空间依托于商店卖场，与独立的休闲场所有所不同。在商店卖场中的各休闲空间内的人流动快，所待时段较短，但也要注意人流的及时疏导。空间环境应雅致清爽，色彩以中性色或稍冷的调子为主，切忌明度、纯度很高，或者色彩繁杂、鲜艳夺目。

商店卖场中休闲空间的设置应根据其规模、环境、经营理念等因素进行设计。若要同时设置多个不同功能的休闲空间，应注意动静分区及其与商店卖场自身的关系。对于可能产生较大噪音的休闲空间，应采取相应的隔音措施，避免对商店卖场的干扰。餐饮类休闲空间应注意厨房的位置。

休闲空间在商店卖场中的位置常见于顶层，也可设置在商店卖场某一层的适当位置（一般在周边），辟出小面积的休闲空间与商店卖场相连通，这样的休闲空间一般为纯休息空间或较安静的冷热饮、茶室等空间。

商店卖场中的休闲、餐饮、娱乐、文化设施常与中厅结合。在中厅设置展示场所，如汽车展、住宅模型展等长期展览，也有如化妆品现场使用示范、婚纱摄影等产品和公司推荐的临时性展示宣传，此外还有快餐、冷热饮、游戏、小型儿童活动场所等，人们在购物的间隙，以愉悦的心情享受着环境和服务。中厅可以成为满足人们多方面需求的交往空间。

3.4.6　营业厅无障碍设计

商店卖场作为社会服务性建筑，应便于所有群体均能享受平等的服务。残障人群作为特殊群体，应与正常人有同样的地位和享受平等的社会服务。商业建筑的无障碍设计，是指为保障残疾人、老年人、伤病人、儿童和其他社会成员的通行安全和使用便利。这是物质文明和精神文明的集中体现，是社会进步的重要标志。因考虑到我国目前的经济水平和残疾人状况的差异，无障碍设计首先实施于利用率最高的大型商店卖场建筑。

1. 坡道、楼梯、台阶和电梯

营业厅内应尽量避免有高差。但有高差时，在设置阶梯的同时应设置可供轮椅通行的坡道和残疾人通行的指示标态。供轮椅使用的坡道的宽度视环境而定，供轮椅通行的坡道应设计成直线形、直角形或折返形，不宜设计成弧形，单辆轮椅通过时净宽不应小于0.9m。坡道两侧应设扶手，坡道与休息平台的扶手应保持连贯，如图3-160所示。人行通道和室内地面应平整、不光滑、不松动、不积水。不同材料铺装的地面之间高差不应大于15mm，并应有斜面作为过渡。

坡道、台阶及楼梯两侧应设有高为0.85m的扶手。设两层扶手时，下层扶手高应为0.65m。扶手起点与终点处的延伸应大于或等于0.30m。扶手末端应向内拐到墙面,或向下延伸 0.10m。栏杆式扶手应向下成弧形或延伸到地面上固定,扶手内侧与墙面的距离应为 40～50mm,扶手应安装坚固,使其形状易于抓握。

⊕ 图　3-160

多层营业厅应设可供残疾人使用的电梯,电梯候车厅的面积不应小于 1.5m×1.5m,电梯门开启后的净宽不应小于 0.8m,入口要平坦无高差。电梯轿厢内面积可设为 1.40m×1.40m。轿厢正面和侧面应设高为 0.80～0.85m 的扶手,侧面应设高为 0.90～1.10m 带盲文的选层按钮,正面高 0.90m 处至顶部应安装镜子。轿厢上、下运行及到达时,应有清晰的显示和报层的音响。出入口、踏步的起止点和电梯门前应铺设有触感提示的地面块材。

2．通道

商店卖场中柜架之间的通道通过一辆轮椅的走道净宽不小于 1.2m,通过一辆轮椅和一个行人对行的走道净宽不小于 1.5m,通过两辆轮椅的走道净宽不小于 1.8m。供残疾人使用的走道宽度不应小于 1.80m,两侧应设扶手,两侧墙面应设高为 0.35m 的护墙板。走道及室内地面应平整,并应选用遇水不滑的地面材料。走道转弯处的阳角应为弧形墙面或切角墙面。走道内不得设置障碍物,光照度不应小于 120Lux。在走道一侧或尽端与其他地坪有高差时,应设置栏杆或栏板等进行调整。

3．出入口

出入口平台宽度应满足相关规范的要求,无障碍入口和轮椅通行平台应设雨棚。出入口有高差时,台阶和坡道的设置应满足相关规范的要求,并满足防滑的要求。出入口周围至少要有 1.5m×1.5m 以上的水平空间,以便于轮椅使用者停留。室内水平交通系统的基本设计原则是力求形成平面,减少转折,各层功能分区要明确,流线简洁清楚,标识清晰完备。建筑物中供残疾人使用的走道与地面以及各种门的设计应满足相关规范的要求,从而为残疾人提供切实有效的无障碍环境。

4．柜台

大型商店卖场中的柜台设计也要考虑到残疾人的特殊需要,如图 3-161 所示。专用服务台的柜台应设在易于接近的位置上,台面离地的高度应为 700～800mm,宽度不应小于 1000mm。服务台下方净高不应小于 650mm,净深不应小于 450mm。应为轮椅使用者留出腿部伸入的空间,并便于轮椅停留,使身体靠近柜台,台前应有轮椅回转空间。盲人应通过盲道引导至普通柜台。

5．卫生设施

应设供残疾人使用的卫生设施,以便满足乘轮椅者的进出需要。洗手盆两侧和前缘 50mm 处应设安全抓杆,洗手盆前应有 1.1m×0.8m 的轮椅面积;男厕所小便池两侧和上方应设宽 0.6～0.7m、高 1.2m 的安全抓杆,小便池下口距地面不应大于 0.5m;男女公厕应各设一个无障碍隔间厕位;无障碍厕位面积,新建不应小于 1.8m×0.4m,改建不应小于 2.0m×1.0m;厕位门扇向外开启后,入口净宽不应小于 0.8m,门扇内侧应设关门拉手;坐便器高为 0.45m,两侧应设高为 0.7m 的水平抓杆,在墙面一侧应设高为 1.4m 的垂直抓杆;安全抓杆直径应为 30～40mm,内侧应距墙面 40mm,并应安装坚固,如图 3-162 所示。

⬆ 图 3-161　　　　　　　　　　　　　⬆ 图 3-162

6．消防疏散

　　残疾人的疏散速度比正常人要迟缓，因而在设计过程中对各项疏散距离的控制相对于消防规范的规定更为严格，应尽量避免有可能在疏散过程中折返的袋状走廊的出现。对于轮椅使用者来说，建筑中的楼梯是疏散过程中不可逾越的障碍，而平时最适于使用的电梯在火灾时会被限制使用，因此，在大型公共建筑中以及以残疾人为主要受众人群的建筑中，设计避难区是最好的选择，条件允许的情况下，在每层靠近交通核心的位置应设计避难间，并通过易识别的手段给予提示，那么在出现危险情况时无法通过楼梯疏散的人员就可以在此等待专业救援。为便于火灾时烟气的排出和专业人员从外部进行援救的需要，避难间可设置大面积的外窗或阳台，同时其位置也要便于消防云梯的架设。

思考练习题

　　1．思考题

　　（1）如何理解动态空间与静态空间？

　　（2）创造商业室内空间的分隔形式与方法有哪些？

　　（3）商业室内空间动线设计的表现手段有哪些？

　　（4）如何理解色彩的形象性？

　　（5）色彩的具体运用形式与方法有哪些？

　　（6）商店卖场照明的作用及照明形式有哪些？

　　（7）售货现场的布置形式及特点有哪些？

　　（8）商店卖场交通空间的形式有哪些？

　　（9）如何进行商店卖场的无障碍设计？

2. 实践题

（1）课后任选 3 ～ 5 张商业空间的图片资料，对其空间分隔形式进行分析说明。

（2）考察当地服装专卖店的照明形式，并写出考察报告。

（3）布置一个 $300m^2$ 左右的专卖店，对其进行空间布局设计。

第4章
商店卖场的室外设计

4.1 商店卖场外观设计的概念

商场最终的目的是将商家利润最大化。商店卖场是赢利的平台,使消费者入店并引导消费,从而产生利润,故选址应考虑其便利性与发展性。商店外观设计中橱窗与入口的引导性、宣传性与品牌针对性也尤为重要,同时应综合考虑外观设计与商场运作的可行性、时效性及赢利比之间的关系。

4.1.1 商店卖场选址应考虑的因素

"第一是地段,第二是地段,第三还是地段。"这是李嘉诚的经典投资名言,这意味着正确地选址会直接导致商店卖场投资的优胜及赢利。

不同地区在社会人文状况、地理环境及人口交通状况等方面都有自己的特征,它们制约着其所在地区商店的经营项目、经营规模、顾客来源及赢利状况。经营者在确定经营目标和制订经营策略时,必须要考虑商店选址所在地区的特点,使得目标与策略都制订得比较现实。

商店卖场选址应考虑以下因素。

1. 方便顾客购物

满足顾客需求是商场经营的宗旨,因此商场位置的确定,必须首先考虑方便顾客购物,为此商场应符合以下条件。

(1)便利法则,即 5A(aware、appeal、ask、act、advocate)法则。便利法则的基本内容包含了五个层次的便利,即交通便利、确认便利、趋近便利、进出便利、选购便利。围绕这五方面的内容,以购物便利性为主线,5A 法则囊括了店铺选址工作中的各个主要环节,为确定店址的各项标准和指标提供了依据。而交通便利更是首要条件。车站附近是过往乘客的集中地段,人群流动量大;如果是几个车站交汇点,则该地段的商业价值更高,商场开业之地如选择在这类地区,就能给顾客提供便利的消费条件。图 4-1 所示为地处上海南京西路繁华的老城区临街的商场,且位于十字路口的交界处,其优越的地理位置,使路口四方都能清晰地看到其店面。加之其周边有众多商铺,从而共同营造了一个配套设施完善的购物、消费经济圈。

⊕ 图 4-1

(2)靠近人群聚集的场所。这样可方便顾客随机购物,如影剧院、商业街、公园及名胜古迹、娱乐场所、旅游地区等,这些地方可以使顾客享受到购物、休闲、娱乐、旅游等多种服务的便利,是选择商场开业的最佳地点。图 4-2 所示中的商铺就处于上海地标性建筑之一的静安寺旁，古老的寺庙成为上海的旅游文化传播地。从静安寺延绵至恒隆广场再到黄陂南路一带，成了大上海几个集中的经济商业圈之一，在人流、交通等方面的优越性及其他人性化的配套设施建设完善的同时，还有许多高档的国际国内消费品牌的入驻，从而赢得了高端消费群体的青睐。这种地段实属经商的黄金首选之地，寸土寸金，地价高、费用大、竞争强。虽然其商业效益良好，但由于成本过高，所以不可能适合所有商场经营，一般只适合大型综合商场、走国际化路线或国内高端商铺、有鲜明个性的专卖店。

✿ 图　4-2

（3）人口居住稠密区或机关单位集中的地区。由于这类地段人口密度大，而且距离比较近，顾客购物时省时省力且又相对方便。商店地址如选在这类地段，会对顾客有较大的吸引力，很容易培养忠实的消费群体。

（4）符合客流规律和流向的人群集散地段。这类地段适应顾客的生活习惯，自然会形成"市场"，所以能够进入商场购物的顾客人数会比较多，客流量也较大。

2．有利于商场开拓发展

商场选址的最终目的是要取得经营的成功，因此要着重从以下几方面来考虑如何便于经营。

（1）提高市场占有率和覆盖率，以利于企业长期发展。商场选址时不仅要分析当前的市场形势，而且要从长远的角度去考虑是否有利于扩充规模，

如果有利于提高市场占有率和覆盖率，就应在不断增强自身实力的基础上开拓市场。

（2）有利于形成综合服务功能，发挥其特色。不同行业的商业网点设置对地域的要求也有所不同。商场在选址时，必须综合考虑行业特点、消费心理及消费者行为等因素，谨慎地确定网点所在地点。尤其是大型百货类综合商场，更应综合、全面地考虑该区域和各种商业服务的功能，以求得多功能综合配套，从而创立本企业的特色和优势，树立本企业的形象，如图 4-3 所示。

✿ 图　4-3

（3）有利于合理组织商品运送。商场选址不仅要注意规模，而且要追求规模效益。发展现代商业，要求集中进货、集中供货、统一运送，这有利于降低采购成本和运输成本，合理规划运输路线，因此，在商场位置的选择上应尽可能地靠近运输线，这样既能节约成本，又能及时组织货物的采购与供应，确保经营活动的正常进行。

3．有利于获取最大的经济效益

衡量商场位置选择优劣的最重要的标准是企业经营能否取得好的经济效益，因此，网点地理位置的选择一定要有利于经营，才能保证取得最佳的经济效益。

4.1.2　商店卖场的外部设计原则

商店卖场建筑外观就是商店的"脸面"，它是消

费者对商店的第一印象,是企业形象的重要组成部分,并且是直接导致消费者是否进入此商店的因素。

商店卖场应遵循如下外部设计原则。

(1) 商店是城市建筑的一部分,其外部设计应与城市景观相协调。图4-4所示的咖啡厅是设在山水秀丽的城市公园出入口处,故商店外部也以公园建筑同类的米黄色为主色调,辅以褐色的搭配。其人字形屋顶的设计与窗上的阳光棚相呼应,再结合咖啡的主题,就显得既古朴又时尚。

✦ 图 4-4

(2) 商店的外观设计应主体清晰,有较强的识别性。商店卖场外观设计是整体设计的宏观构架,也称远观构架,它具有宣传的功能,使消费者即便在远处也能清晰认识其商店的性质与特征。设计必须重点突出商店形象的独特性,不可过于杂乱。如图4-5所示,每一栋建筑都是一个品牌,各个品牌之间风格迥异,其中,FRANDISS以简洁的几何形中的块、面构成造型,与右侧环美家居的线造型建筑体形成鲜明的对比。同时,在纯净的黄褐色面的右上角,设计一个大而醒目的Logo,这样即便在远处也十分明了,而且突出主题。

(3) 商场建筑的外立面设计直接反映了商场的主题与定位,它也带有一定的商业地标性色彩,它的选材与装饰结构都应围绕着这一原则展开。例如,经营便利商品的商店装饰需在总体上创造出使顾客感到亲切、简洁、明快的感觉。如图4-6所示是以经营檀木梳为主的木器精品店,店面小巧玲珑,门头用到中国古典的榫卯结构的设计,十分讲

究木工工艺的精髓;品牌Logo更是在"木"字上大秀光彩,与古老的木制作工具刨子完美结合,强调手工匠人的精心工艺,直扣主题。如图4-7所示则是国际奢侈品的连锁企业,外观上的序列感设计更显匠心独具。

当前,有一些商店的外观处理却有误区:本靠走量的商店,其装潢标准却过于豪华,使消费者感到价格一定很高,反而吓走主要的顾客。

✦ 图 4-5

✦ 图 4-6

❶ 图　4-7

❶ 图　4-9

（4）应根据不同的商业定位来决定外立面的装饰材质、形式及结构。对它的夜间照明效果应予以充分的设计表达，使其能满足人们对一个现代商场购物乐趣的期望。如图 4-8 所示，上海恒隆百货的建筑外观中玻璃材质的"虚"和通透，与建筑外墙的"实"与厚重就是一种虚实对比，同时配以白色、蓝紫色、黄色的灯光，用体块感、虚实感、层次感更进一步地强化了建筑本身构成中的艺术魅力，使夜间看起来依然"美丽动人"。

❶ 图　4-8

（5）商场外立面设计的效果应能使人们从立面表达元素的结构衔接、广告位、商场 Logo、展示橱窗中即刻感受到商场的环境品质，使人们从外观视觉开始就可享受到购物所带来的快乐与激情，如图 4-9 所示。

4.2　商店卖场外观设计的方法

4.2.1　商店卖场外部停车场设计

停车场设计要便于顾客停车后能便利地进入商店卖场，购物后又能轻松地将商品转移到车上，这是对停车场设计的总体要求。

商店卖场外部停车场设计应遵循如下原则。

1. 机动车停车场

停车场的设置应符合城市规划和交通组织管理的要求，并便于存放。

（1）停车场（库）出入口的位置应避开主干道和道路交叉口，出口和入口应分开。不得已合用时，其宽度应不小于 7m。

（2）专用停车场应紧靠使用单位，如商场地下可设进货专用通道及停车场。

（3）公用停车场（顾客用）宜均衡分布。根据商店卖场主要出入口的分布应进行分区布置，以利于车辆迅速疏散。同时尽量邻近路边，便于车辆进出，如图 4-10 所示。

（4）停车场入口处的通道与场内通道应自然相接，场内主干道和支干道路宽度以能让技术不十分熟练的驾驶者也能安全地开动车辆为宜，如图 4-11 所示。

（5）步行道要朝向商店。场院内地面应有停车、行驶方向等指示性标志，主停车场与商店入口应在 180° 范围内，便于顾客一下车就能看到商店。

⊕ 图 4-10

⊕ 图 4-11

（6）停车场内的交通路线必须明确、合理,宜采用单向行驶路线,避免交叉,如图4-12所示。

⊕ 图 4-12

为解决停车场用地不足的问题,各国大城市的停车场普遍向空中和地下发展,利用建筑物底层或屋顶平台设置停车场或修建多层车库和地下车库。多层车库按车辆进库就位的情况可分坡道式和机械化车库两类。坡道式又分直坡道式、螺旋坡道式、错层式、斜坡楼板式等。机械化车库可采用电梯上下运送车辆。多层车库虽能节约用地,但建设投资较大。近年来,中国各大城市新建的大型商场或购物中心大多数修建了单层或多层地下停车场。

2．自行车停车场

随着健康环保理念的推行,将有更多人将自行车作为首选的交通工具,因此,商场周边设置自行车的停车场就显得十分重要。

4.2.2　不同形态的橱窗与入口

商店卖场出入口的设计要综合考虑商店的营业面积、地理环境、客流量、经营商品的特点及安全管理等因素,其数量的多少应因地制宜,并合理布局。

1．商店卖场出入口设计原则

商店卖场出入口应便于顾客出入、要顺畅客流。设计时应具体注意以下几点。

（1）门面要尽量保持清洁。

（2）门窗尽量透明,让顾客在外面就能看见部分商品。

（3）入口处一定要通畅。一般不设门,如果必须设门,最好设置自动门。

（4）空间设置要合理。屋顶要有适当的高度,这样顾客就不会产生压抑感。道路和店堂之间应设有阶梯和坡度,由店门进入店内的通道要保持适当的宽度。图4-13所示的商店主要经营古典风格的商品,所以入口给人一种贵族气质的感觉。洛可可式样的曲线花纹与三层楼的建筑外立面整体造型相融合,简洁中透出一丝富贵,更凸显其大气、典雅。

2．商店卖场出入口的类型

商店卖场出入口的形式是多样性的,有旋转式、电动式、自动开启式、推拉式,还有气温控制式等。气温控制式的出入口是用热气或冷气幕打开的出入口,里面的温度是恒定的。以这种形式为出入口的商店有较高的邀请性,可减少顾客的拥挤,使顾客能看到内景。出入口的地面可以选择水泥、瓷砖或铺上地毯。灯光可以从白炽光、荧光、白色光、彩色光、闪烁的霓虹灯光或持续的灯光中选择一种,如图 4-14 所示。

⊕ 图　4-13

⊕ 图　4-14

3. 出入口的通道

宽通道与窄通道创造的形象和气氛是完全不同的。商店卖场应该提供足够的出入口通道面积,虽然这样做会影响到橱窗的面积,但却会令顾客因出入方便、不拥挤而感到愉快和满意,图 4-15 所示是超级市场的入口,因为考虑到人员流通量大,所以出入口的通道设计必须宽敞、便利,大门则用 8 扇大玻璃门共同组成一组让人感觉大气、有气势的入口。如图 4-16 所示的中式风格借用了园林中园门的造型,既宽敞又别具情调,与其经营木产品所需要的原生态的设计宗旨不谋而合。图 4-17 以斜角退让的形式使原本并不宽敞的入口有了"秩序性"的表达,通道继而变得更宽敞,同时起到引导人流进入的目的,这就是设计中的"退一步海阔天空"。图 4-18 和图 4-19 是连锁餐饮店,店外就是地铁出口的主通道,上下地铁的乘客必须安全、快速、大量地通过。服务台可设在入口处,但不能影响到主交通的人流情况,所以就与出口通道形成 Y 形布局,有迎客之势。

⊕ 图　4-15

⊕ 图　4-16

图 4-17

图 4-18

图 4-19

图 4-20 所示为经营服装的店面，原本就以宽敞笔直的通道表达严谨，故入口也应以直通型表达，凸显时尚与庄重。

图 4-20

橱窗是商店外观的一个重要组成部分，通常设置在商店的入口处。它有两个作用：一是让顾客辨认商店及其商品，二是吸引顾客进入商店。

橱窗通过陈列的手段，为商店创造不同的形象特征，显示商品的时尚性和季节性。通过摆放处理的商品，招揽对价格敏感型的顾客；通过对商品进行艺术化处理，来吸引行人的注意，并显示高雅的格调；通过提供公共服务信息，显示其对社会的关心，从而获得人们的好感。

商店的橱窗尺寸由于商店类型、门面长度的不同而有所区别。但长度和宽度的比例一定要符合视觉习惯。一般高、宽的比例以 1 ∶ 1.62 为佳，这便是人们常说的“橱窗的黄金定律”，如图 4-21 所示。一个构思新颖、主题鲜明、风格独特、手法脱俗、装饰美观的橱窗，与整个商店建筑结构和内外环境所构成的美的立体画面，能起到美化商店的作用。

图 4-21

4．橱窗陈列的类型

通常，为使橱窗广告主题明确，有利于消费者了解商品，有以下几种陈列形式。

（1）综合式橱窗陈列。综合式橱窗陈列是将许多不相关的商品综合陈列在一个橱窗内，以组成一个完整的橱窗广告。这种橱窗布置由于商品之间差异较大，设计时一定要谨慎，否则就会给人一种杂乱无章的感觉。这种橱窗布置又可以分为横向橱窗布置、纵向橱窗布置、单元橱窗布置，分别如图 4-22 ～图 4-24 所示。

✛ 图 4-22

✛ 图 4-23

✛ 图 4-24

（2）系统式橱窗陈列。大中型商店橱窗面积较大，可以按照商品的类别、性能、材料、用途等因素，分别组合陈列在一个橱窗内。图 4-25 所示的 BOOM & MELLOW 商店位于迪拜最大的免税商场内，该商店的橱窗展示了家具、服饰、鞋包、陈设、装饰品及灯具等，虽然品种繁多，却以生活中的各种组合方式轻松地将其有序地组织起来，营造出温馨、时尚的生活气息。图 4-26 中却将服饰与珠宝相结合，用动态场景式的组合，呈现出一种现代时尚。

✛ 图 4-25

（3）专题式橱窗陈列。专题式橱窗陈列是以一个广告专题为中心，围绕某一个特定的事情，组织不同类型的商品进行陈列，向媒体大众传输一个诉求主题。专题式橱窗陈列又可分为：① 节日陈列。以庆祝某一个节日为主题来组成节日橱窗的专题。如图 4-27 所示是以圣诞节为主题的陈列，浓浓

⊕ 图　4-26

⊕ 图　4-27

运精神。③场景陈列。根据商品用途，把有关联性的多种商品在橱窗中设置成特定场景，以此诱导顾客的购买行为。图4-29中，贵妃椅、玄关台、玄关椅加上镜子的组合，象征着贵族气质，更有羽毛、绒布的完美衬托加上柔美的曲线造型，体现出奢华、高贵的生活和积极的生活态度。

⊕ 图　4-28

⊕ 图　4-29

的红色在冬日里营造出一片喜气，圣诞老人放礼物的长筒袜和彩球在空中悬吊着，地面的白色象征着冬日的银装，摆在地上的鞋包和礼物盒，总让人产生美好的节日联想。②事件陈列。以社会上某项活动为主题，将关联商品组合起来的橱窗主题。在图4-28中，运动品牌李宁与2008年奥运中国这个全球瞩目的事件结合起来，以6个肤色不同的身着奥运项目服饰的小男孩象征全球各国的和谐，服装造型大方、可爱，非常有中国特色，也更能体现出奥

（4）特定式橱窗陈列。特定式橱窗陈列是指用不同的艺术形式和处理方法，在一个橱窗内集中介绍某一产品。例如，单一商品特定陈列和商品模型特定陈列等。在图4-30所示的橱窗中，衬衣用衣架随意地搭着，与下方的小茶几组成一棵树的形态，既集中展示了衬衣的美，又不失趣味性；图4-31中则是伞的组合造型，各种角度的蓝色雨伞组成一条线，非常有视觉冲击力，仿佛在诉说着伞下千姿百态的生活。

❀ 图　4-30

❀ 图　4-31

（5）季节性橱窗陈列。根据季节变化把应季商品集中进行陈列，如冬末春初的羊毛衫、风衣展示，春末夏初的夏装、凉鞋、草帽展示。这种手法满足了顾客应季购买的心理特点，主要用于扩大销售。但

季节性陈列必须在季节到来之前一个月预先陈列出来并向顾客介绍，这样才能起到应季宣传的作用。在图 4-32 ～图 4-34 中，冬日银装素裹的都市与春天百花齐放的田野各自在演绎着不同的浪漫故事。

❀ 图　4-32

❀ 图　4-33

● 图　4-34

5. 橱窗设计的原则

（1）橱窗水平视觉中心应与顾客的视平线一致，以便顾客能将整个橱窗的陈列尽收眼底。成人的平均视平线一般在 1.5m 左右。如图 4-35 所示，树背景的分叉点正好是整个橱窗的正中，高度约为 1.3m。在完全对称的空间中，左边两个模特的陈列使整个空间产生了焦点，视觉中心由此左偏，集中在模特身上。原始扣子造型的悬吊装饰，让画面更加丰富且又充满人情味。右下方的展示架上挂着一个包，这是在成功营造视觉中心的基础上再营造心理空间平衡的出彩一笔。

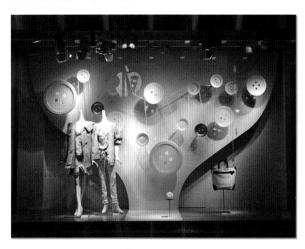

● 图　4-35

（2）既不能影响店面的外观造型，也不能忽视商店卖场的建筑特色而一味追求橱窗本身的艺术效果，橱窗广告应与商店的整体规模、风格相适应。在图 4-36 中，商店建筑造型是以简洁的白、灰为主调，显得时尚典雅，素洁的白色里有放射状的立体造型，以灰色为框架，英文 Logo 赫然跃入视线。而对应的橱窗也是简洁的造型，白色的基调配以黑白色的服饰，使橱窗整体造型风格协调的同时，较有特色。类似情形又如图 4-37 和图 4-38 所示。

● 图　4-36

● 图　4-37

⊕ 图　4-38

⊕ 图　4-39

（3）主题必须明确、突出，让人一目了然，切勿让次要物品喧宾夺主。只有各种物品主次分明、整齐和谐地统一于一体，才能达到众星捧月、突出主题的效果。在图 4-39 和图 4-40 中，都是运用的同一组元素，空间构成相似，模特造型一致，但因产品和主题空间不同，表现出的形式也不一样。图 4-39 中要表现的服饰风格是现代时尚的简约风格。黑白色的应用，再加上亮银色不锈钢，使橱窗变得时尚而高雅；模特与包的组合诠释的则是现代经典。而图 4-40 中要表达的服饰却是复古风，橱窗背景表现出 19 世纪工业革命历史时期的模样。同样的 X 纹样，在图 4-39 中是时尚的底纹，在这里却更像是立体的埃菲尔铁塔。橱窗的故事仿佛是女主人公在铁塔上悠闲地俯瞰城市。在图 4-41 中又同样表达了复古的元素，但古朴中又有一丝幽默与随意性。

（4）注重整体效果，局部要突出，要让顾客从远、近、正、侧均能看到商品。如果受场地局限不能满足以上要求，则可以面向客流量大的方向。富有

⊕ 图　4-40

经营特色的商品应陈列在视线的集中处，并采用形象化的指示标记引导消费者的视线，这样，从远处看，橱窗广告的整体形象感强，容易引起注意，近看则商品突出。图4-42～图4-45所示是鞋店的橱窗，以阵列的形式做了若干个玻璃单元格，既别具心裁，又能引起顾客的驻足。这几幅图是由远看、走近及上电梯后各个俯瞰角度获得的视觉效果。图4-43则是在空间造型上就体现了多方位的特点，符合人群流动的视觉设计。

🕀 图 4-41

🕀 图 4-43

🕀 图 4-44

🕀 图 4-42

🕀 图 4-45

（5）注意保持橱窗的清洁与卫生。橱窗是商店的脸面，清洁卫生与否直接关系到商店卖场整体的形象，如图 4-46 和图 4-47 所示。玻璃是橱窗的常用材质，它可直接与外界关联，且又能产生分区。玻璃的清洁程度也直接影响到顾客对商店卖场的印象，高档的商店每天清晨开业之前都要做清洁工作，以保证全天的最佳宣传效果。

🔝 图　4-46

🔝 图　4-47

（6）橱窗陈列应经常更新，这样会给人以新鲜感，如图 4-48 和图 4-49 所示。

（7）橱窗道具、灯光的使用越隐蔽越好，灯光色彩要柔和，避免过于复杂、鲜艳。在图 4-50 中，灯光主要来源于暗藏灯带及橱窗内地面朝上的光源，上面盖磨砂玻璃，这种受光方式更柔和。

（8）橱窗背景一般要求大方、完整且单纯的装饰，避免使用小而复杂的烦琐装饰，颜色尽量用高明度、低纯度的统一色调，即明快的调和色。在图 4-51 中，爱马仕只用了深蓝色背景和一只乌龟做道具，动

物形象的加入恰到好处，将帽子和龟壳联系在一起，十分生动形象。图 4-52 中大面积运用其他纯色背景，让画面看起来十分简洁，还可以强调商品及突出主题。如果要选用多种颜色，最好选用同色系，并且要做好过渡。

🔝 图　4-48

🔝 图　4-49

🔝 图　4-50

91

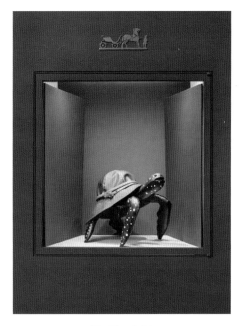

图 4-51

图 4-52

（9）橱窗陈列必须在消费热潮到来之前完成，以起到引导消费的作用。

其实，橱窗艺术所追求的是一种形式美法则，是点、线、面、体等图形的综合运用。但需强调的是，橱窗广告并不是点、线、面、体的机械组合，而应通过巧妙自然地配置，使之产生新的创意。比如，垂直是一种直立向上的感觉，上下走向的垂直线可引导视线上下移动，使橱窗的空间感强烈；水平线组合使橱窗显得开阔，给人以安静、稳妥之感；斜线给人以动感，易于表现出现代的快节奏；曲线表现阴柔之美，

较易突出商品的质感和特色。

如图 4-53 和图 4-54 所示，橱窗用简洁的螺帽"点"的组合作为展示台，这种很容易被人忽略而又时刻与生活息息相关的小构件，在大胆而又有所创新地表现出来之后，不但给观众耳目一新的感觉，而且提升了商品的品位。图 4-55 中的线形设计是在橱窗的高大空间中搭建一个高台，上面站着一位正在远眺的气质优雅的金色模特，其身着金色闪片的拖尾裙，直接延续至地面展台旁，形成垂直线形引导，营造出视觉焦点，从而独具视觉冲击力。这种造景使原本橱窗净空过高的弊端巧妙地被掩饰，空间层次非常丰富，也传递了优雅的艺术氛围。图 4-56 所示是经营珠宝首饰的店面，宽大的橱窗位明显大过珠宝展示台，但设计师将其设计为精致小巧型的线形橱窗；除了背景运用到"线"的表达之外，还有与展示架"点"的结合，整体有节奏地排开，使之非常生动、高雅。图 4-57 和图 4-58 则是运用"面"的形式，绿色的色块既是整体的"点"，又是主题的"面"，同时色彩上与背景的黑白色有所区分，粗细宽窄相搭配，构成一个看似简单却层次丰富的广告橱窗。

图 4-53

图 4-56

图 4-57

图 4-54

图 4-55

图 4-58

4.2.3 商店卖场外部设计的相关因素

外部设计的表达要素有建筑式样、商店入口设计、商店橱窗设计和商店招牌设计。

1. 建筑式样

　　一个商店的建筑式样在一定程度上能够反映出其所售商品的档次。大型购物中心的建筑式样一般以恢宏见长。在图4-59中，地处上海繁华地段的红星美凯龙家居体验馆，其外观建筑自地至顶采用了圆弧造型，中间镂空的曲线纹样层层叠叠，既时尚又有气势。小型专卖店应以简约大气取胜，如图4-60所示。

　图 4-59

　图 4-60

2. 商店入口设计

　　商店入口设计一定要别具匠心，以便能吸引消费者产生进店浏览的欲望。图4-61所示是经营儿童用品的专卖店，店址是在迪拜最大的免税商场，商场内有室内滑雪场，而此店主题也以《冰河世纪》

为原点，采用了白蓝相间的色调，白色的立柱和白色的雪地橱窗再加上二楼露台上的那只猛犸，营造出冰天雪地的丛林感觉。

　图 4-61

3. 商店橱窗设计

　　橱窗是商店的"眼睛"。要想通过展示富有代表性的商品来反映商店的经营特色，橱窗则是有力的表现工具，如图4-62和图4-63所示。

　图 4-62

　图 4-63

4．商店招牌设计

富有创意的招牌可以使商店更加醒目，也可以很好地向顾客传达商店的经营理念，如图 4-64 和图 4-65 所示。

✦ 图　4-64

✦ 图　4-65

另外，招牌上应避免使用一些不常用的字或多种文字的组合。招牌的作用在于使顾客了解店铺的性质和经营内容，且使顾客记住并向其他人推荐店铺，使用生僻字的故弄玄虚也许会吸引几个猎奇者，但往往会招致大部分顾客的反感，也不易记住，势必会流失部分顾客。

4.2.4　商店卖场入口、外部造型的构成元素

人对事物的一般心理反应是：室外装修得高雅华贵的店铺，销售的商品想必也是高档优质的；而装饰平平或陈旧过时的外观，其销售的商品也一定

相对品质低下、质量难保，所以现在很多商店入口和外部造型越来越考究。商店卖场入口一般由雨棚、门廊、台阶、坡道、门洞等构成。

1．入口类型

从建筑立面形式来看，商店卖场入口可以分为三种类型。

（1）扁平式入口。在外墙上直接设门，用标志性图案或者醒目标志表示出入口，如图 4-66 所示。

✦ 图　4-66

（2）凸式入口。凸式入口由雨棚或者门廊构成，伸展到建筑主体外部，可识别性和引导能力更强。在图 4-67 中，就运用了雨棚形式的大门入口，同时出入口处有 2 个玻璃橱窗位，入口处设置照射灯光，Logo 处设背光，这些都非常直接地强化了入口的位置，同时也将橱窗位独立出来。图 4-68 所示的是突出的建筑曲线，黑色的门头宽大、浓重，门头下方以褐色大理石衬底，Logo 简洁明了，构成十分醒目的入口。

✦ 图　4-67

图 4-68

（3）凹式入口。入口局部内凹，使建筑就像要张开怀抱一样形成向心力，并形成商场专用的户外广场，如图4-69所示。

图 4-69

2．入口与室外空间的连接方式

（1）直线临街。如商业街两侧的商铺和购物中心步行街，如图4-70和图4-71所示。

（2）临街入口广场。入口前形成小型广场，从而形成了缓冲空间，如图4-72所示。

3．商店卖场的外部造型

商店卖场的外部造型通常由广告牌、霓虹灯、灯箱、电子闪示广告、招贴画、传单广告、活人广告、店铺招牌、门面装饰、橱窗布置和室外照明等构成。

而招牌作为商店卖场主要吸引顾客的象征，具有很强的指示与引导作用，它是传播商店卖场形

象，扩大知名度，以及美化环境的一种有效手段和工具。招牌一般包括商店卖场的名称、商店卖场的标志、商店卖场的标准特色及营业时间等。

图 4-70

图 4-71

图 4-72

商店卖场招牌的主要类型有以下几种。

（1）广告塔广告。大型商店卖场往往在建筑顶部竖立广告牌,以此来吸引消费者,宣传自己的店铺,如图 4-73 和图 4-74 所示。广告塔高而巨大,通常用在高速公路旁或广场等地,配以投射灯进行装饰照明,这样不论白天还是黑夜,人们从远处便能清晰地识别广告内容,起到非常好的广告作用。广告塔广告主要是针对流动人群,适宜宣传大众品牌。

❀ 图　4-73

❀ 图　4-74

（2）横置招牌。横置招牌即装在商店卖场门头下面的招牌,是商店的主力招牌,如图 4-75 所示。这类招牌通常是先有企业标志,然后再配以中英文名称,使人一看便知这是主入口。

❀ 图　4-75

（3）壁面招牌。壁面招牌即放置在商店卖场门头两侧的墙壁上,把经营的内容传达给过往行人的招牌。在图 4-76 中,其招牌结合整体门头造型来设计,配以灯光后更加引人注目。

❀ 图　4-76

（4）立式招牌。立式招牌即放置在商场门口的人行道上的招牌,用来增强商场对行人的吸引力。图 4-77 所示就是采取霓虹灯形式的立式招牌,多位于繁华的商业街。在人口密集、流动量非常大的街道里,便于人们快速、清晰、准确地找到招牌下的商店。

（5）遮幕式招牌。遮幕式招牌即在商场遮阳篷上增加文字、图案,使其成为商场招牌。对于便利快捷型的商店或饭店,此种形式比较常见,例如餐饮店。

❶ 图　4-77

4.2.5　商店卖场门头造型设计的基本方法

商店卖场门头造型设计在整个商店卖场设计中处于很重要的地位，它在第一时间吸引人们的注意力，并传达出这里销售什么产品，是哪家公司，是什么形象等信息。商店卖场入口的大小、尺度是根据商店卖场货柜、人流、车流的大小来设定的。商店卖场入口的位置可设在商店的不同部位，如商店立面的中部、商店立面的拐角处、商店立面的边部、商店平面的端部。另外，还可设在商店的不同标高处，如地下室、底层、二层、三层等。不同大小、不同部位的商店卖场入口的形态也是不同的。

1. 影响商店卖场外部门头、入口造型设计的因素

（1）商店卖场的功能特征。商店卖场内部的功能与性质是其入口与门头形态设计时首先要分析研究的重要元素。内部功能不同的商店卖场对入口与门头的形态要求是不同的。商店卖场入口与门头的形态语言带有强烈的商业气息和吸引顾客的意图。另外，有些商店卖场的特殊使用功能也要求入口与门头有一些特殊的形态与环境。如人、车流量较大的商店卖场要考虑多个入口或建成立体交通网来疏散与缓解人流、车流。总之，在大力提倡"以人为本"的现代社会中，一切符合人的需求的功能在设计中都应有所体现。

（2）与土建形态的协调性。商店卖场与门头是在建筑本体存在的前提下产生的，因此，在设计入口、门头时，应注意与土建的关系。处理这种关系有三种方式。

① 依照"和谐统一"的设计原则，强调整体的统一感。

② 采用对比方式来突出入口的位置或强调入口的力度。

③ 在某种特定的场合下，如在旧建筑上改建的商业店面等，入口与门头的设计可以不顾及原有的建筑形态，而是主要依据商店卖场的要求确定。

（3）与周围环境的协调性。商店卖场周围的地形地貌、道路模式、空间环境、气候风向等一系列环境因素也是影响入口、门头设计的因素之一。如商店卖场前空地较大，则其入口除设置广场外还可布置宽大的雨篷、门廊等，以满足交通、休闲等功能的需要，以此丰富入口的形态与层次。在有高差的地形中，商店卖场可因地制宜，其入口也应布置成立体化的多个分入口以利于人、车的出入。气候与风向是考虑入口是否要增加遮蔽构件的因素。处于热带的建筑，其入口常设计成白色且宽大深远的门洞，这是出于反射日光、通气遮阳的需要。而北方的建筑入口常采用双道门并涂以深颜色，这是出于保暖避风的考虑。

（4）体现文化特征的因素。因不同的时代、不同的地域、不同的民族有着各不相同的文化特征，故人们对于商店卖场入口与门头的功能要求与审美情趣也千差万别。在设计商店卖场入口与门头时，要充分考虑到这一重要因素，对于不同的商店卖场入口应施以不同的文化内涵，只有这样才能设计出富有高品位个性特征的入口与门头。

（5）商店卖场的投资额度。商店卖场需要大量的资金投入，商店卖场入口与门头也同样如此，其规模的大小、材料的选用、装饰构件的制作、工艺技术的水平等无一不涉及资金数额的多少。根据目前商店卖场的发展，在满足其功能以后，不需要因一味地追求外表的豪华气派而不切实际地去耗费大量的资金。

（6）政策法规因素的影响。如同建筑一样，商

店卖场与门头也受限于各种建筑管理的法规与政策,在设计前应充分考虑到这个因素。在人员密集的电影院、文化娱乐中心、会所、展览会等商业空间中,至少要有两个不同方向的通向城市道路的出入口,而主要的出入口应避免直对城市主要干道的交叉口。主要出入口前面要留有供人员集散用的空地,空地的面积应根据商店卖场的使用性质和人数来确定。

在门头的设计中,应该注意到《民用建筑设计原则》中的严格规定:在人行道地面上空,2m 以上高度允许有突出物,但突出的宽度不应大于 0.4m;2.5m 以上高度允许有突出的活动遮阳篷,但突出的宽度应比人行道宽度少 1m,并且最宽不大于 3m;3.5m 以上高度允许有突出的雨篷、挑檐,但突出宽度不应大于 1m;5m 以上高度允许有突出的雨篷、挑檐,但突出宽度应比人行道宽度少 1m,并不应大于 3m。

(7)结构形成及构造方法的选择。商店卖场、门头的设计离不开土建结构设计的配合。特别是加建的门头,更应该考虑建筑结构问题。考虑的主要问题是:应采用什么样的结构形式解决门头、门廊、雨篷等构筑物的受力问题?是采用悬挑结构还是支撑结构?

一个完美的商店卖场的门头设计需要选择合理的构造方法。一个成熟的装饰设计师应该娴熟地掌握建筑构造与装饰构造的知识。设计师必须不断地认真研究新材料的性能并力争设计出新的建筑构造、装饰构造形式,诸如各种材料之间如何连接,各种材料如何固定,各种饰面材料的性能等。

2. 商店卖场外部门头、入口造型设计的具体要求

(1)门头造型应尺度大,有一定高度,造型新颖,具有代表性及醒目的标识系统,如图 4-78 所示。图 4-79 所示是经营高档男装的商店,三层楼的高度仅做了一个门头。整体用黑玻璃切片做衬底,左上方配以大的标志,中间靠下的视觉中心为中文店名。从造型构图到顾客的行为心理研究,都体现出设计师的良苦用心。

↑ 图　4-78

↑ 图　4-79

（2）材质、体量和色彩等装饰语言应能体现出产品的风格、特点。图4-80所示为米兰的家具专卖店，其产品的设计风格定位于新古典主义，故商店卖场门头的建筑造型仍延续了古希腊的罗马柱与石材，色彩以米白色为主，但去繁就简，省略了很多繁复的石雕工艺，与现代装饰手法相结合，营造出新古典的风格，与产品十分协调。

☩ 图 4-80

（3）具有诱导性和宣传性。整体门头设计应与广告、橱窗、灯光及立面造型等进行统一设计。如图4-81所示，店面共有两层：一层为正入口，门两侧的柱体采用金属马赛克饰面；二层为通透型橱窗。一、二楼间用黑色门头，内部镂空后安装灯片以便隐藏灯。

☩ 图 4-81

（4）考虑多方位视角，在动态人流中体现自身形象。

（5）在建筑构造和设施方面应考虑耐光、耐热、

防雨、防尘、防破坏的需要。

4.2.6　各类商店卖场的外部造型设计

商店卖场外部造型设计主要从尺度、形态、材料三方面着手。

1．入口与门头尺度的选定

尺度是指以参照物为基础形成的一种合适的比例关系。

由于入口处于商店卖场内外部空间的交界处，因此它同时容纳了与外部空间尺度和人体尺度两部分之间的尺度关系。商店卖场外部空间的参照物越大，与之形成比例的入口尺寸要求也就越大，如图4-82所示。而这个尺寸与人体尺度相比就显得不合适了。为了处理并调和两者之间的矛盾，在门头中往往采取"放大"门的方法：做门楣或在门的上部增加另外的装饰构件、装饰面，以此来协调建筑外部形体与门洞的尺度关系。

☩ 图 4-82

商店卖场入口和门头的尺度选定与商店卖场内部的功能也有很大的关系，如一些商业店面、餐厅、娱乐场所的门头尺度往往由于强调商业因素而不与建筑形体的尺度相协调，刻意以大面积的门头做广告来宣传自身的产品。

2．入口与门头形态的设计

入口与门头的形态设计是通过风格的选择、形体的组合、细部的刻画这三方面来实施的。

所谓风格的选择,就是商店卖场入口、门头的造型风格与建筑风格相一致,它是设计的基本出发点,但同时要考虑建筑内部的功能,不同功能的建筑物,其入口与门头的风格是有所区别的。

如图 4-83 所示,现代建筑风格的特点是越来越向多元化的方向发展,入口与门头的风格也是一样,一方面,现代派、后现代主义的风格已被人们广泛接受;另一方面,传统的民族风格、地域风格与古典风格已逐步走上与现代化风格相结合的道路,从而促使了"现代古典化"风格的形成。在这些新的创作手法中,有的是将古典的建筑元素加以抽象化,形成符号并融入现代风格的建筑中;有的是在现代化的建筑构件中渗透出一种古典元素的韵味;有的是将古典元素与非古典元素组合在一起,创造出一种新奇的形态。

图 4-83

3．入口与门头形体的组合

形体组合的方法就是将数个几何形体通过解体重构、交叉拼接等方法构成一个整体的形体。

入口、门头在整个商店卖场建筑形体中属于建筑的子形体,因此,这个子形体必须服从于商店卖场整体,无论是形成统一关系还是形成对比关系,都不能破坏整个商店卖场建筑形体的美感,如图 4-84 所示。

图 4-84

另外,还要注意形体组合的视觉感和观赏者的距离关系,设计时应把握好形体在不同空间距离中的尺度关系。

4．入口、门头细部的刻画

入口与门头可以说是整个商店卖场建筑的细部,而入口与门头上的细部就是细部中的重点,因此对它的刻画就显得更为重要。

入口与门头的细部刻画一般通过以下几种手法进行。

(1) 在门头的轮廓部位和形体转折处进行装饰刻画。

(2) 在入口空间序列的转折处,强调界面的刻画和设置装饰小物品。

(3) 对符号进行强化处理,如一些商店卖场的标识、企业文化的标志、体现某种内涵的形象符号等,应进行重点刻画,从而加强这些符号的视觉感觉。

(4) 在门头的主要立面上,通过对某些构件、某些符号的反复运用并对它们的形体进行有序排列,从而使入口的立面产生一种节奏和韵律的美感。

(5) 在亮化设计时应注意以下几点。

① 店面灯光的照度应均匀,而门头的照度应加强,如图 4-85 所示。

② 选择正确的灯光投射位置和角度,以准确地表现出设计效果。

⬆ 图　4-85

③ 在确定灯光投射位置和装饰材料时,应避免产生眩光,如图 4-86 所示。

⬆ 图　4-86

④ 选择合适的光色组合,用霓虹灯重点勾勒门的轮廓、装饰图案、商店卖场的标识。

5. 装饰材料的选择

入口与门头的装饰材料有金属、木材、石材、混凝土、墙面砖、玻璃、有机化学材料等。入口与门头所选用的饰面材料不仅是为满足结构或功能上的需

要,而且是通过所用材料的质感来创造不同的视觉效果。

装饰材料的质感是通过材料的表层纹理来体现的。不同质感的材料会产生不同的视觉感受。粗糙的质感有一种凝重、厚实的感觉;光滑的质感给人以洁净、明快的印象;反光材料的变化显得丰富而又强烈;透明材料给人以明亮、宽敞、轻快的感觉;镜面反射使环境显得深远开阔;镜面石材给人以豪华、富丽、典雅等感觉;轻金属钢架具有灵秀、有序、飘逸的感觉;不锈钢具有光亮、豪华的效果;木材具有朴实、亲切、温馨、典雅的感觉。由于材料质感具有如此丰富的视觉特性,所以在建筑入口、门头的设计中应该认真地选择材料,以创造更好的入口、门头形态。

另外,材料质感给人的视觉效果与人的观赏距离密切相关。质感细腻的材料近距离观赏效果好,故应设计在人可以近距离观赏的地方;质感粗糙的材料远距离观赏的感觉较好,应设计在适合远距离观赏的地方;质感光洁的材料,如金属、镜面等有反光效果的材料,其质感在近、远处都能强烈地感受到,故这种材料的观赏范围可以扩大,如图 4-87 所示。

⬆ 图　4-87

在选择入口、门头的材料时,要考虑商店卖场整体所用的材料。如图 4-88 所示,两者之间可以通过对比的关系来得到突出入口与门头的效果。设计师应根据各个商店卖场建筑的不同状况进行综合分析后确定,不同的建筑材料,由于它们的质量、硬度、强度和韧性的不同,组成构件的结构形式、构造方式会大不一样。

现代社会中,随着高科技与工艺的迅速发展,一些新型的材料越来越多地出现在市场上,这使得现代人不断求新、求异的设计思想得以实施,如图 4-89 所示。现代工艺使木制构件更易批量加工,并且外形更为美观,灯箱制作技术的提高也为商店卖场的门头制作开创了一片新天地。

图 4-88

图 4-89

思考练习题

1. 现拟订开设一家品牌连锁餐饮店,预计开店的面积为 $160m^2$ 左右。结合品牌文化与市场特点做选址调查,提供可行性分析报告。

2. 商店卖场出入口和橱窗的类型有哪些?请结合实际案例说明其设计的优劣性。

3. 假设要开设一家童装专卖店,从平面上看为封闭式矩形,层高为 5m(可做 2 层),店面宽为 6m。请完成一个门头造型设计及橱窗设计,表现手法、设计风格不限。

第 5 章
商店卖场的广告设计及活动促销

从广义上讲,凡是在商业空间、购买场所、零售商店的周围、内部以及在商品陈设的地方所设置的广告物都属于商店卖场广告,即 POP 广告,如商店的牌匾、店面的装潢和橱窗,店外悬挂的充气广告、条幅,商店内部的装饰、陈设、招贴广告、服务指示,店内发放的广告刊物,进行的广告表演,以及广播、录像电子广告牌广告等。

POP 是 Point of Purchase Advertising 的缩写,意为"购买的促销海报",也可称作"店堂广告",又称店内张贴海报,属于直接面向店内顾客传播信息的"小众媒体"。POP 的主要商业用途是刺激引导消费和活跃卖场气氛,在商业空间、购买场所、零售商店等卖场环境,通过丰富的广告创意手段,传递产品信息,诠释品牌内涵,唤起顾客的消费欲望,将进店顾客变成消费者。有效的商店卖场广告能激发顾客的随机购买(或称冲动购买),也能有效地促使计划性购买的顾客果断决策,实现即时即地的购买。商店卖场广告对消费者、零售商、厂家都有重要的促销作用。商店卖场广告可以有效地减少促销人员的数量,从而达到直接降低人工成本的目的,还可以改善门店内环境,营造购物的气氛,直接提升销售业绩。

5.1　商店卖场广告概述

5.1.1　商店卖场广告的作用

商店卖场经营中广告的主要作用是促销,是以其强烈的视觉传达效果、醒目的色彩搭配、活泼的版式布局、易认易读的美术字体、滑稽的图画、幽默的语言,来向消费者宣传商品的特色、服务项目等。以直接刺激消费者的购买欲望,使消费者产生自由选择商品的轻松气氛,从而达到促销的目的。同时商店卖场广告相对于企业又具有提高商品形象和展示企业形象,以及塑造企业形象的作用。

1. 促销作用

(1)传达商店卖场的商品信息。商店的货架上、橱窗里、墙壁上、天花板下、楼梯口处等,如图 5-1 和图 5-2 所示,都可以将新上市的商品全面地向消费者展示,使他们了解产品的功能、价格、使用方式以及售后服务等方面的信息,目的在于告知顾客商店卖场在销售什么,并简洁地说明商品的特性,使顾客了解最新的商品供应信息、商品的价格、特价商品,从而刺激顾客的购买欲,促进商品的销售。

● 图　5-1

✿ 图　5-2

（2）促进商店卖场与供应商之间的互利互惠。通过促销活动，可以扩大商店卖场及其经营商品的供应商的知名度，以此增强其影响力。

（3）唤起消费者的潜在意识。经营者虽然可以利用报纸、电视、杂志和广播等媒体向消费者传达企业形象或产品特点，但当消费者走入商店卖场、店铺时，面对众多商品，他极有可能已将上述媒体广告传达给他的信息遗忘了，而张贴、悬挂在销售地点的店面广告则可以唤醒消费者对不同的商店卖场产品的潜在意识，使他们根据自己的偏好选购商品，如图 5-3 所示。

✿ 图　5-3

（4）使消费者产生购买愿望，达成交易行为。大多数消费者在进入商店时，面对货架上琳琅满目的商品会感到迷惑，往日对不同商店卖场商品的印象立刻就变得模糊了，他们不知道购买哪一种牌子的商品合适。这时的店面广告会使他们大脑里原有的商店卖场商品印象清晰起来，从而可以加快他们的购买行为。

2．装饰作用

卖场广告的装饰作用具体表现在创造店内购物气氛，如图 5-4 和图 5-5 所示。

✿ 图　5-4

✿ 图　5-5

商店卖场广告具有强烈的色彩、美丽的图案、突出的造型、幽默的动作、准确而生动的广告语言，这些都可以创造强烈的销售气氛。随着消费者收入水平的提高，不仅其购买行为的随意性增强，而且消费需求的层次也在不断地提高。消费者在购物过程中，不仅要求能购买到称心如意的商品，同时还要求购物的环境舒适。商店卖场广告既能为购物现场的消费者提供信息、介绍商品，又能美化环境、营造购物气氛，在满足消费者精神需要及刺激其采取购买行动方面具有独特的功效。

3．塑造形象的作用

商店卖场广告能起到突出商店卖场的形象，吸引更多的消费者来商店购买的作用，如图 5-6 所示。

卖场广告都会将商店卖场的 CI（corporate identity，企业标识）形象印在广告上，比如名称、标志、标准字、标准色、形象图案、宣传标语、口号和吉祥物等，用来强化富有特色的企业形象。有些世界著名的品牌，在店面广告上经常出现，它们已经为广大媒体群众所熟悉，成为企业的一种专有形象标记。当广大消费者接触到这些图案时，就会立刻明白它们代表了哪些企业。

❶ 图 5-7

❶ 图 5-6

5.1.2　商店卖场广告的种类

商店卖场广告在实际运用时的类型可以根据商店卖场广告的使用形式、使用目的及使用地点来进行划分。

1. 按使用形式分类

（1）商店卖场招牌广告。它包括店面、布幕、旗子、横（直）幅、电动字幕，其功能是向顾客传达企业的识别标志，传达企业销售活动的信息，并渲染活动的气氛，如图 5-7 和图 5-8 所示。

（2）商店卖场货架广告。卖场货架广告是展示商品广告或立体展示售货，这是一种直接推销商品的广告。

（3）商店卖场招贴广告。它类似于传递商品信息的海报，招贴卖场广告时要注意区别主次信息，严格控制信息量，建立起视觉上的秩序。

❶ 图 5-8

（4）商店卖场悬挂广告。它包括悬挂在商店卖场中的气球、吊牌、吊旗、包装空盒、装饰物，其主要功能是创造卖场活泼、热烈的气氛，如图 5-9 和图 5-10 所示。

（5）商店卖场标志广告。它其实就是我们已经介绍过的商品位置指示牌，它的功能主要是向顾客传达购物方向的流程和位置的信息。

✛ 图　5-9

✛ 图　5-10

（6）商店卖场包装广告。它是指商品的包装具有促销和宣传企业形象的功能，例如，附赠品包装、礼品包装，若干小单元的整体包装，如图 5-11 所示。

✛ 图　5-11

（7）商店卖场灯箱广告。商店卖场中的灯箱广告大多稳定在陈列架的端侧或壁式陈列架的上面，它主要起到指定商品陈列位置和品牌专卖柜的作用，如图 5-12 所示。

✛ 图　5-12

2．按使用目的划分

商店卖场广告使用的目的有两个，即促销与装饰，由此商店卖场广告可分为促销型卖场广告与装饰型卖场广告。

（1）促销型卖场广告。顾客可以通过该广告了解商品的有关资料，代替店员介绍商品，帮助顾客选择商品，促进顾客的购买欲望，从而做出购买决策。其种类有手制的价目卡、拍卖 POP、商品展示卡等，使用期限多为拍卖期间或特价日，一般为短期用。

（2）装饰型卖场广告。它是用来提升商店卖场的形象，制造、烘托店内气氛，展示企业形象的卖场广告类型。其种类有形象 POP、消费 POP 招贴画、悬挂小旗，这种广告使用期较长，但有季节性限制。

3．按使用的地点划分

商店卖场广告按使用的地点可划分为外置卖场广告、店内卖场广告及陈列现场卖场广告。

（1）外置卖场广告是将本商店卖场的存在以及所经销的商品告知顾客，并将顾客引入店中的广告，比如，店面的招牌及商品名称会告诉顾客这里有一家商店和它所拥有的商品。

（2）店内卖场广告是将商店卖场的商品情况、店内气氛、特价品的种类以及商品的配置场所等经营要素告知消费者的广告。比如，专柜的 POP 广告及售货场地的引导广告用于告诉走进店里的顾客商品所在的具体位置，如图 5-13 所示；拍卖 POP 广告、廉价 POP 广告用于告诉店里的顾客正在拍卖或正在进行大减价的广告，并将拍卖的物品和减价的幅度告诉顾客；气氛 POP 广告用于告知顾客商店的性质及商品的内容，也可以用来营造店内气氛。另外，厂商海报、广告看板、实际销售物品的场所都有传达商品情报及厂商情报的功用。

🔹 图　5-13

（3）陈列现场卖场广告是指放置在商品附近的展示卡、价目卡及分类广告，它们会帮助顾客做出相应的购买决策。比如，展示卡用来告诉顾客商品的品质、使用方法及厂商名称等，帮助顾客选择商品；牌架、分类广告用来告诉顾客广告品或推荐品的位置、规格及价格；价格卡是粘贴在商品上的 POP，告诉顾客商品的名称、单位数量及价格，如图 5-14 所示。

4．按使用的时效性划分

商店卖场广告在使用过程中的时间性及周期性很强。按照不同的使用周期，可把商店卖场广告分为三大类型，即长期商店卖场广告、中期商店卖场广告和短期商店卖场广告。

🔹 图　5-14

（1）长期商店卖场广告是指使用周期在一年以上的商店卖场广告类型，如图 5-15 所示，包括门招牌广告、柜台及货架广告、企业形象广告等，其中门招牌广告一般是由商场经营者来完成的商店卖场的广告形式。由于这些商店卖场广告形式所花费的成本都比较高，所以使用周期都比较长。而企业形象和产品形象的商店卖场广告形式，是因为一个企业和一个产品的诞生周期一般都超过一个季度，所以对于企业形象及产品形象宣传的商店卖场广告也属于长期的商店卖场广告类型。由于长期商店卖场广告在时间因素上的限制，产生的成本也相对提高，所以其设计考虑应周到全面。

🔹 图　5-15

（2）中期商店卖场广告是指使用周期为一个季度左右的商店卖场广告类型。中期商店卖场广告主要是指季节性商品的广告，像服装、空调等产品以及橱窗陈列，如图 5-16 和图 5-17 所示。因使用时间上的限制，在使用周期上会随着商品的更换而更换，使得这类商店卖场广告的使用周期也必然在一个季度左右，所以属中期的商店卖场广告。

❶ 图　5-16

❶ 图　5-17

（3）短期商店卖场广告是指使用周期在一个季度以内的商店卖场广告类型。如柜台展示的展示卡、展示架以及商店的大减价、大甩卖招牌等，如图 5-18 和图 5-19 所示。由于这类广告的存在都是随着商店某类商品的存在而存在的，只要商品一卖完，该商品的广告也就无存在的价值了。特别是有些商品因为进货的数量以及销售的情况等方面的原因（可能

在一周甚至一天或几小时就可售完），相应的广告周期也可能极其短暂。对于这类商店卖场广告的投资一般都比较低，就设计本身而言，应尽可能做到符合商品品味。

❶ 图　5-18

❶ 图　5-19

5.1.3　商店卖场广告的设计与制作

置身于现代社会，不管是在繁华的商业区还是在偏僻街道，只要人们走出家门，大大小小、各式各样的商店卖场广告就会不容选择地进入人们的视线。商店卖场广告是一种重要的宣传载体，于无声中向消费者传达更多的信息，从而达到刺激或引导消费者购买的目的。因此，具有高度概括力和强烈吸引力的商店卖场广告，对消费者的视觉刺激和心理影响是很重要的。

1. 商店卖场广告的设计

商店卖场广告的运用能否成功,关键在于广告画面的设计能否简洁鲜明地传达信息,塑造优美的形象,使之富于动人的感染力。商店卖场广告是直接沟通顾客和商品的小型广告,在设计技巧上与其他广告有些不同之处。

(1) 必须特别注重现场广告的心理攻势。因商店卖场广告具有直接促销的作用,设计者必须着力于研究店铺环境与商品的性质以及顾客的需求和心理,以便更好地表现最能打动顾客的内容。售点广告的文图必须有针对性地、简明扼要地体现商品的益处、优点、特点等内容,如图 5-20 和图 5-21 所示。

❀ 图 5-20

❀ 图 5-21

(2) 造型简练,设计醒目。因商店卖场广告体积小,容量有限,要想将其置于琳琅满目的各种商品之中而不致被忽略且又不显得花哨低俗,其造型应该简练,画面设计应该醒目,版面设计应突出个性,

使人阅读方便,重点鲜明,有美感,有特色,做到和谐统一,如图 5-22 和图 5-23 所示。

❀ 图 5-22

❀ 图 5-23

(3) 注重陈列设计。商店卖场广告并非像节日点缀一样越热闹越好,而应视之为构成商店形象的一部分,故其设计与陈列应从加强商店形象的总体出发,加强和渲染商店的艺术气氛。室外商店卖场的广告包括广告牌、霓虹灯、灯箱、电子闪示牌、光纤广告、招贴、真人广告、商店招牌、门角装饰、橱窗布置、商品陈列等。其主要功能是引导消费者做出走进商店的选择。另外,商店卖场还起到了美化城市的作用,如图 5-24 和图 5-25 所示。

(4) 从广告造型的角度看,商店卖场广告与一般广告一样,包括文字、图形和色彩三大平面广告构成要素。但是,由于商店卖场广告与一般广告所处位置不同,因此,为了适应商场内顾客的流动视线,商店卖场广告多以立体的方式出现,所以在平面广告造型基础上,还需增加立体造型的因素,如

🕀 图　5-24

🕀 图　5-27

🕀 图　5-25

图 5-26 和图 5-27 所示。

（5）商店卖场广告最重要的是确立整个促销计划。设计师面临的是市场商品的多元化和大量生产，因而研究和分析消费者的购买心理和消费心态的变化，以及确定店铺与商品的性质，是设计商店卖场广告的基本要素。

（6）商店卖场广告的设计既要具有鲜明的个性，同时还要与企业的形象相符合，要从企业和商品的主体出发，站在广告活动的立场上全盘考虑。商店卖场广告设计的全部秘诀在于强调购买的"时间"与"地点"，在特定的销售环境中，提供给消费者一个面对具体商品做出选择的最后机会。

（7）导致顾客产生购物犹豫心理的原因是他们对所需商品尚存疑虑，有效的商店卖场广告应针对顾客的关心点进行诉求和解答。价格是顾客所关心的重点，所以价目卡应置于醒目的位置，如图 5-28 所示。商品说明书、精美商品传单等资料应置于取阅方便的商店卖场展示架上，如图 5-29 所示。对新产品，最好采用口语推荐的广告形式，有说明有解释，以便诱导顾客购买。

🕀 图　5-26

🕀 图　5-28

图 5-29

（8）商店卖场广告的设计总体要求就是独特。不论何种形式，都必须新颖独特，能够很快地引起顾客的注意，并激发他们"想了解""想购买"的欲望。

（9）强调现场广告效果。应根据商店卖场经营商品的特色，如经营档次、商店卖场的知名度、各种服务状况以及顾客的心理特征与购买习惯，力求设计出最能打动消费者的广告。

（10）以形象为主导。商店卖场广告的最终目的就是把商品卖出去，所以常见的商店卖场海报大多以减价、打折、优惠销售等为主，借价格差吸引顾客购买。以价格为主导的商店卖场广告，的确能在一段时期内产生激励、诱导大量顾客购买的作用，但时间一久，则会由于过度刺激而失去功效。

2．商店卖场广告的制作方式

（1）传统的商店卖场广告一般都是采用手工绘制，也就是我们所说的手绘式 POP 广告，如图 5-30 和图 5-31 所示。这种采用马克笔手工标出商品的方式，最早应用于 20 世纪 60 年代的日本超级市场，随后迅速传向其他国家，成为最基本的 POP 制作方式。手绘商店卖场广告的制作原则是：容易引人注目，便于阅读，明确地解释了广告诉求点，有创意、有美感。手绘商店卖场广告的说明文字一般为 15 ~ 30 个时比较适中，文字内容必须能清楚地表明促销品的具体特征、对消费者的效用价值在哪里，并能介绍商品的使用方法。如果商店卖场

广告用来对产品及企业形象进行宣传并由此来促进销售，一般会聘请专业设计人员或委托专业的广告公司来完成。所以，这类广告的质量一般都比较高，对商品及企业本身也具有相当的针对性，故应大批量生产，并投入与产品销售有关的所有环节，进行大范围、大规模的促销活动。在国外的零售企业中，商店卖场广告完全是通过专业软件并由计算机来设计制作。由于计算机制作的商店卖场广告可以克服手绘商店卖场广告的种种弊端，并且形式规范，故其在具有丰富色彩和图形的商店卖场中具有更加明显的优势，特别适合中大型商店卖场的需要。在欧美等零售业发达的国家，计算机制作商店卖场广告已经成为零售行业的标准规范，如图 5-32 和图 5-33 所示。

图 5-30

图 5-31

⊕ 图 5-32

⊕ 图 5-33

（2）商店卖场广告的设计制作材料来源非常广泛，从纸张、木料、液晶电视到金属、皮革、塑料等无所不包。合理选择制作材料，协调搭配，在很大程度上能增强促销广告的效果，增加效益。最常用的设计制作材料主要有以下四种。

① 纸是设计促销广告最常用的材料之一。它的最大优点是成本低廉，质地稳定，便于印刷，而且各种新颖别致的图案、协调的色彩等都可以在纸上将经营者的创意淋漓尽致地展示出来。一般来说，在做促销宣传广告时都采用宣传单的形式，不仅便于分发，还节省费用，如图 5-34 和图 5-35 所示。

② 木材具有抗拒外力、不易变形、可塑性强等优点。用木材设计的广告设计时间长、可反复使用，因此一般都用于长期促销，而且可置于商店卖场内外。

⊕ 图 5-34

⊕ 图 5-35

③ 塑料是卖场促销广告材料家庭中的"新秀"。塑料防水、耐温、制材轻、无毒、无味，因此在使用上比较广泛。例如，颜色鲜艳的吹塑纸可运用于各种美术字体的制作及各种卖场促销广告，如图 5-36 所示。

④ 金属是促销广告中经常用到的材料，常用的有铁、铜、铝、不锈钢等。金属材料具有硬度强、不透水等优点，成本也比较便宜，最大的缺点则是视觉效果较差。

商店卖场广告在制作过程中需要注意以下问题：商店卖场广告色彩的使用要恰到好处，突出季节感，如春天可以使用粉色调，夏天可以使用蓝、绿色调，秋天可以使用橙、黄色调，冬天则可以使用红色调。商店卖场广告中应该重点突出文字部分的内容，避免底色花哨而影响文字内容，产生喧宾夺主的不良效果。商店卖场广告的措辞风格应该直接反映商品特性、用途、面对的消费者群体的特点，比如儿童玩具类的商店卖场广告应该活泼可爱。

☆ 图　5-36

5.2　商店卖场活动的促销及策划

所谓商店卖场促销，就是营销者向消费者传递有关本企业及产品的各种信息，说服或吸引消费者购买其产品，以达到扩大销售的目的。促销实质上就是一种沟通活动，即营销者（信息提供者或发送者）发出作为刺激物的各种信息，把信息传递到一个或更多的目标对象（即信息接受者，如听众、观众、读者、消费者或用户等），以影响其态度和行为。商店卖场的促销活动与其他的市场营销活动（如产品决策、价格策略的选定、分销策略等）有所不同。上述一些市场营销活动主要是在企业内部进行或者在营销者与营销者之间进行的。而在促销活动中，商店卖场要向消费者宣传或介绍其产品，说服和吸引顾客来购买其产品，所以参与促销活动的双方是营销者与购买者或潜在的购买者。

5.2.1　商店卖场活动促销类型的策划

在销售市场上，对商店卖场而言，其促销的对象只有一个，即消费者。

促销策划方式如同执行任务的工具，是商店卖场改造市场增加销售量的最佳方式。目前商店卖场的主要促销方式有下列几种。

（1）无偿促销方式。无偿促销方式是指针对目标顾客不收取任何费用的一种促销手段，它包括以下两种形式。

① 无偿附赠：以"酬谢包装"为主。

② 无偿试用：以"免费样品"为主。

酬谢包装是指以标准包装为衡量基础，但给消费者提供更多价值的一种包装形式。

额外包装，即在包装内额外增加分量而无偿赠予。

包装内赠，即将赠品放入包装内并无偿提供给消费者。

免费样品是指将产品直接提供给目标对象试用而不予取偿。

实施免费样品促销，最主要的问题在于如何将样品分送到目标顾客手中。其分送的方式有多种。

（2）惠赠促销方式。惠赠促销方式是指对目标顾客在购买产品时所给予的一种优惠待遇的促销手段，如图5-37所示。

☆ 图　5-37

惠赠促销的主要手段有三种,即买赠、换赠和退赠。

① 买赠:即购买获赠。只要顾客购买某一产品,即可获得一定数量的赠品。最常用的方式如买一赠一、买五赠二、买一赠三等。

② 换赠:即购买补偿获赠。只要顾客购买某一产品,并再略作一些补偿,即可再换取其他产品。如花一点钱以旧换新,加 1 元送 ×× 产品,花 10 元可再购一个等。

③ 退赠:即购买达标退利获赠。只要顾客实际购买或购买到一定数量时,即可获得返利或赠品。返利包括消费者累计消费返利和经销商累计销售返利。

(3) 折价促销方式。折价促销方式是指在目标顾客购买产品时给予不同形式的价格折扣的促销方式,如图 5-38 ~ 图 5-40 所示。

❶ 图　5-38

❶ 图　5-39

❶ 图　5-40

促销的主要手段有折价优惠券、折价优惠卡、现价折扣、减价特卖、减价竞争、低价经营、大拍卖及大甩卖。

① 折价优惠券:即通称优惠券,是一种古老而风行的促销方式。优惠券上一般印有产品的原价、折价比例、购买数量及有效时间。顾客可以凭券购买并获得实惠。

② 折价优惠卡:即一种长期有效的优惠凭证。它一般由会员卡和消费卡两种形式存在,使发卡企业与目标顾客之间保持一种比较长久的消费关系。

③ 现价折扣:即在现行价格基础上打折销售。这是一种最常见且行之有效的促销手段。它可以让顾客现场获得看得见的利益并使其心满意足,同时销售者也会获得满意的目标利润。现价折扣过程一般是讨价还价的过程,通过讨价还价,可以达到双方基本满意的结果。

④ 减价特卖:即在一定时间内对产品降低价格,以特别的价格来销售。减价特卖的一个特点就是阶段性。一旦达到促销目的,即恢复到原来的价格水平。减价特卖促销一般只在市场终端实行,但是,当制造商一旦介入,就可能是一种长久的促销策略。减价特卖的形式通常有包装减价标贴、货架减价标签和特卖通告三种。

⑤ 减价竞争:即削减现行价格,让利于市场,并获得竞争优势的销售。减价竞争与现价折扣不同。现价折扣属于战术性促销,而减价竞争则一般是战略

性促销，它从范围上、数量上、规模上、期效上都比现价折扣大。减价竞争可以说是一种以新的价格参与市场竞赛的战略，它是发动市场侵略性竞争的"杀手锏"。

⑥ 低价经营：即产品以低于市场通行的价格水平来销售。低价经营属于一种销售战略，其整体价格水平在长期内均需低于其他经营者。从一开始，低价经营者就应以优惠的价格面市。从长远来看，低价经营虽是局部微利，但这一促销策略可以有力地吸引消费群，并达到整体获利的目的。

⑦ 大拍卖及大甩卖：商品大拍卖是将商品按低拍的方式并以非正常的价格来销售，商品大甩卖也是以低于成本或非正常价格的方式来销售。大拍卖和大甩卖都是一种价格利益驱动战术。对商家而言，大拍卖和大甩卖又是一种清仓策略。通过大拍卖或大甩卖能够集中吸引消费群，刺激人们的购买欲望，在短期内消化积压商品。

（4）竞赛促销方式。竞赛促销方式是指利用人们的好胜和好奇心理，通过举办趣味性和智力性的竞赛，吸引目标顾客参与的一种促销手段，如图5-41所示，主要手段有征集与答奖竞赛、促销竞赛、竞猜比赛、优胜选拔比赛和印花积点竞赛等。

☉ 图 5-41

① 征集与答奖竞赛：即竞赛的发动者通过征集活动或有奖问答活动来吸引消费者参与的一种促销方式。

② 促销竞赛：即让消费者参与并获得消费利益的活动。最终竞赛的成功获得者必定是在比赛中的佼佼者。如可进行广告语征集、商标设计征集、作

文竞赛、译名竞赛等。

③ 竞猜比赛：即竞赛的发动者通过举办竞猜以吸引顾客参与的一种促销方式，如猜谜、体育获胜竞猜、自然现象竞猜、揭迷竞猜等。

④ 优胜选拔比赛：即竞赛的发动者通过举办某一形式的比赛，吸引爱好者参与，最后选拔出优胜者的促销方式，如选美比赛、健美大赛、选星大赛、形象代言人选拔赛及饮酒大赛等。

⑤ 印花积点竞赛：即竞赛的发动者指定在某一时间内，目标顾客通过收集产品印花，在达到一定数量时可兑换赠品的促销方式。印花积点是一种古老而具有影响力的促销方法。只要顾客握有一定量的凭证（即印花、商标、标贴、瓶盖、印券、票证、包装物等），就可依印花量的多少领取不同的赠品或奖赏。

（5）活动促销方式。活动促销方式是指通过举办与产品销售有关的活动，来达到吸引顾客注意和参与的促销手段。

活动促销方式的主要手段有新闻发布会、商品展示会、抽奖与摸奖、娱乐与游戏及制造事件等。

① 新闻发布会：即活动举办者以召开新闻发布的方式来达到促销目的。这种方式十分普遍。它是利用媒体向目标顾客发布消息，告知商品信息以吸引顾客积极消费。

② 商品展示会：即活动举办者通过参加展销会、订货会或自己召开产品演示会等方式来达到促销目的。这种方式每年都可以定期举行，不但可以实现促销目的，还可以建立沟通网络及宣传产品。这种方式也可以称为会议促销。

③ 抽奖与摸奖：即顾客在购买商品或消费时，对其给予若干次奖励。可以说，抽奖与摸奖是消费加运气并获得利益的活动。这种促销活动的其他形式还有很多，例如刮卡兑奖、摇号兑奖、拉环兑奖、包装内藏奖等。

④ 娱乐与游戏：即通过举办娱乐活动或游戏，以趣味性和娱乐性来吸引顾客并达到促销的目的。娱乐游戏促销需要组织者精心设计，不能使活动脱离促销主题。特别是在产品不便于直接做广告的情况下（如香烟），这种促销方式更能以迂为直、曲径

通幽,如举办大型演唱会,赞助体育竞技比赛,举办寻宝探幽活动等。

⑤ 制造事件:即通过制造有传播价值的事件,使事件社会化、新闻化、热点化,并以新闻炒作来达到促销目的。事件促销可以引起公众的注意,并由此调动目标顾客对事件中关系到的产品或服务的兴趣,最终达到刺激顾客去购买或消费的目的。如果制造的事件能够引起社会的广泛争议,那么事件促销就会取得圆满的结果。

(6)双赢促销方式。双赢促销方式是指两个以上市场主体通过联合促销的方式,来达到互利互惠的促销效果。换言之,两个以上的企业为了共同谋利而联合举办的促销,即为双赢促销方式。

双赢促销方式成功的根本是互补性、互利性与统一性。

例如,美国 MCI 电话公司与美国西北航空公司的双赢促销方式合作,凡是打 MCI 长途电话的客户,每 1 美元话费即给予一定航程的积分,凡积分达到一定程度,西北航空公司即赠送国内任何航程的往返机票 1 张。当然,MCI 公司要另给西北航空公司一些补偿。

双赢促销方式的联合对象,既可以实行横向联合,也可以实行纵向联合。但一般由三大业态之间进行自由组合。三大业态形成了互动的促销阵式。

(7)直效促销方式。直效促销方式是指具有一定直接效果的促销手段。直效促销方式的特点就是现场性和亲临性,通过这两大特点能够营造出强烈的销售氛围。

其主要手段有售点广告、直邮导购、产品演示、产品展列、宣传报纸、营业佣金、特许使用及名人助售。

① 售点广告:即 POP,在销售现场张贴与悬挂海报、吊旗、台标及广告牌等。通过这些现场的传播方式来烘托产品气氛,以达到促进销售的目的。

② 直邮导购:即 DM,通过直接邮寄函件引导顾客购买某种产品。不过,直邮导购需要详细的客户资料,或者邮政部门需提供相关的服务,否则无法执行。

③ 产品演示:即现场演示产品的特性与优势,以眼见为实促使消费者购买。产品演示是一种立竿见影的促销方式。通过演示可以满足顾客的视觉、听觉、嗅觉、味觉和触觉器官,以此满足其心理需求,实现即刻购买。

④ 产品展列:即通过销售现场产品的展示陈列,以夺目摄心的态势吸引消费者。产品展示要遵从三大要素,即展列位、展列量和展列面。

⑤ 宣传报纸:即印制产品内容与服务内容的报纸或宣传单,通过发放来导购促销。在宣传报纸上,不仅有产品或服务的详细介绍,往往还会印上折价优惠券,以刺激人们消费。

⑥ 营业佣金:即为了调动营业人员销售本企业产品的积极性,对经营单位和营业人员所给予的销售佣金、提成或奖品。其目的是促使营业人员努力向顾客推荐该企业的产品,以达到促进销售的目的。

⑦ 特许使用:即产品优先使用,顾客可以在规定的时间内满意后再支付费用。这种促销方法类似于延期付款,但所不同的是特许使用属于"先用后偿",是以客户满意为前提的。如果在特许使用期间客户不能满意,就可以无条件将产品退回。

⑧ 名人助售:即通过邀请知名度很高的人士亲临现场推动销售,以达到促销的目的。名人助售具有名人广告的效应,例如签名售书、对影像制品的签售、名人开业剪彩等。但名人一般只会帮助与自己有关的产品进行销售,不会无缘无故地亲临销售现场。

(8)服务促销方式。服务促销方式是指为了维护顾客利益,并为顾客提供某种优惠服务,方便顾客购买和消费的促销手段。可以说,服务促销方式能够很好地表现出顾客满意与否的理念。

其主要手段有销售服务、开架销售、承诺销售、订购定做、送货上门、免费培训、维护安装、分期付款和延期付款、会员制经营等。

① 销售服务:即销售前的咨询与销售后的服务。售前咨询和售后服务都可以达到促销目的。

② 开架销售:即使用开放式货架,使顾客可以自由选择商品。开架销售可以激发顾客冲动性购买,

并且一次购足。

③ 承诺销售：即对顾客给予一种承诺，使顾客对其增加信任感，让顾客可以放心购买。如承诺无效退款，承诺销售三包，这样就可以降低顾客的风险意识，以达到促销目的。

④ 订购定做：即专一地为顾客订购产品或定做产品。这种专项服务可以使顾客产生上帝感和优越感，也能够体现出服务促销方式的宗旨。

⑤ 送货上门：即将客户所购产品无偿地运送到指定地点，或者代办托运。送货上门，是服务促销方式基本的服务形式之一。

⑥ 免费培训：即为客户免费介绍产品知识与使用方法。免费培训一般是产品售出时附赠的服务项目。

⑦ 维护安装：即为客户提供产品的安装调试服务及护养与修理。维护安装是促销方式的关键之举，也是客户关心的重点所在。组建定点维修网点，是执行维护安装服务的一种比较好的方法。

⑧ 分期付款：即顾客对所购产品可以按规定时间分批分次地交付款项。运用分期付款促销，一般只在高价产品销售时使用，此方法可以缓解顾客的经济状况，使顾客保持持久的支付能力，如银行按揭在楼宇销售中就有很大的促销作用。

⑨ 延期付款：即顾客可以对所购产品在一定时间内交付款项。其与分期付款不同的是，延期付款一般只是一次性的，在规定的时间里一次付清。延期付款可以暂时缓解顾客的经济状况，使顾客有充足的筹款时间。延期付款促销可以吸引那些对产品有期待，但又一时缺乏支付能力的顾客。

⑩ 会员制经营：即商品的经营者采用消费者入会，可以享受内部优惠待遇的促销方式。会员制一般列有明细的入会条款、受惠条款及需交纳一定的入会费用。会员享有购物权、消费权、保护权、服务权和折扣权等权力。会员制可以保留自己的基本顾客，使经营处于一种稳定状态。

（9）组合促销方式。组合促销方式是指将两种以上促销方式配合起来使用，以求达到更有效率的促销手段。

但是，有些促销方式是不便于有机组合的，如无

偿促销方式与折价促销方式，两者存在一定的矛盾，在促销时就不能强扭在一起。因此，运用组合促销方式时，应选择不同方式进行合理地配置；或者在不同的阶段分开使用促销方式，使促销更具有延续性和递进性。

综上所述，市场促销方式各有所长，不拘一格。随着市场的竞争加剧、技术的日益更新、创意的灵活展现，还会有更多的促销方式不断涌现。

5.2.2　商店卖场活动促销过程的策划

商店卖场活动促销过程的策划是根据商店卖场阶段性战略目标中对业务经营的要求，针对策划促销的目的、主题、活动组织、时机、效果以及在促销中可能出现的问题进行全面安排和规划的过程。整个促销过程从策划到促销结束由以下几个环节组成，如图 5-42 所示。

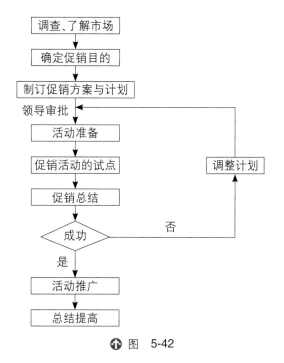

↑ 图　5-42

1. 市场调查

制订详细的促销计划方案，一定要考虑全面，确保促销活动顺利而有效地实施。

根据从促销的目的、准备、实施、成本直到效果的评估测定、目标消费者的需求、利益分析，消费者购买决策分析等，制订出一整套的方案，交由上层人

员研究、修改并付诸执行。其中要特别注重活动主题、活动内容及活动时间这三个环节的设计。

（1）促销活动主题的设计。这是促销很关键的一环。一个好的促销主题能起到吸引并鼓励消费者参与的作用；促销是针对消费者的，那么促销活动的主题一定要从消费者的角度出发，体现消费者的利益。如果在一句话的主题中不能明确表明消费者的利益，就可以再加一个副主题。比如，某商家在父亲节推出了以"感恩父亲节"为主题的活动，那么这个主题和消费者利益不相关，可以加一个副主题——购物有礼。

（2）促销活动内容的设计。促销活动的内容必须给目标对象留下深刻的印象，它不能太复杂、太高深、太花哨，也不能模棱两可或是太难以理解。促销内容应该是一个简单的概念，用简洁的语言表达出来，并能很快地为业务员、促销员、分销商、终端商以及广大的消费者理解和接受。所以其主要原则可以概括为简洁、明了。

（3）促销活动时间的设计。促销活动的时间选择得当会事半功倍，选择不当则会徒劳无功。在时间上应尽量让消费者有空闲时间参与。不仅在时间段的选择上很重要，持续多长时间效果会最好也要进行深入的分析。持续时间过短，会导致在这一时间内无法实现重复购买，很多应获得的利益不能实现；持续时间过长，又会使促销费用过高而且使市场形不成热度，从而降低顾客心目中的形象。

2．前期的准备阶段

前期的准备阶段要进行的是比较烦琐却非常重要的工作。

（1）选择合适的促销时间、地点与方式。比如，包括特别日期（节假日）、时段、持续多少天、设几个促销点、主会场设置、人员配置、物品配置、奖品赠品发放的奖励规则与数量限制等。

（2）器材物品类的准备。比如，现场用到的展台、条幅、拱门、气球、易拉宝、张贴的海报、宣传单（彩印或黑白）、小包装试尝品、音响——听觉的冲击、其他赠品——捆绑式销售赠品、参与即赠的奖

品、购买抽奖的奖品等。

（3）人员的准备。促销员工的选择与安排，如要组织节目、游戏、活动则需考虑请嘉宾、主持人等。

（4）宣传造势的准备。如有实力，前期的大规模全方位造势宣传是必不可少的，也可以去人口密集的市中心区域散发传单。在市内影响力大的媒体（报纸、广播、电视）上投放广告，应注意媒介的选择、媒介暴露的频次、成本预算等，以期达到广泛告知的宣传效果。

（5）总成本预算。物品的准备、人员的费用、协调各方关系、广告宣传费用等一切成本要有事前的准确预算。

（6）促销效果的预测。确定促销目的，预测销售数量和销售额。

3．执行实施阶段

注意现场气氛的调节与掌控，尽可能多地吸引人气。要有视觉、听觉、利益诉求点等多方面的感官冲击，以求吸引、刺激、诱导消费者关注产品并消费。现场的布置要有足够的空间，便于消费者的聚集与购买；布置要新颖、整洁、有冲击力。现场的宣传海报、条幅等要醒目。现场活动，如节目、游戏、宣传等要有极强的互动性与参与性。邀请嘉宾、主持人时，要确保以产品为主，一切活动需围绕产品、以产品为出发点进行，切忌喧宾夺主。

4．促销效果评估总结

如果促销是持续性的、长期性的，需要进行阶段性评估，最后总体评估；如促销是短期的，只需进行总体的评估总结。应评估促销目的是否达到，销量是否达到预期目标，并进行媒介效果的评定，对收支情况进行准确的核算与分析。促销活动效果的评估是个非常重要的阶段，它不是在促销活动结束后才有的，而是贯穿于促销的整个过程。

评估活动基本从以下六方面进行。

（1）活动所设定的目标是否达成。

（2）活动对销售的影响。

（3）活动的利润评估。

（4）品牌价值的建立。

（5）结果分析，包括统计、分析、诊断。

（6）信息反馈。

5.2.3　商店卖场活动促销要点

促销活动组织是一个系统工程，执行得当可提升品牌形象，促进销售，增进客情；如果执行有偏差，就会浪费资源，破坏客情。所以越是重点客户，越是大型活动，越要谋定而后动，只有这样才能少出差错。要成功举办促销活动，应注意以下几个要点。

1．活动主题创意到位

目前，食品类、保健品类、各类服装、文具等商品均将促销看作一种即时见效的营销战术，导致各商店卖场的促销活动层出不穷、又多又滥，使消费者逐渐对中、小型纯粹的促销(折价、赠送类)活动失去了兴趣。要想在众多的促销活动中脱颖而出，迅速引起消费者的关注，锁定目标消费者，必须在活动主题、创意上下功夫，以"三新四性"为原则，如图5-43所示。所谓三新是指新主题、新卖点、新活动形式，四性原则是指促销性、公益性、权威性、新闻时事性。

⊕图　5-43

2．前期宣传造势到位

促销活动的开展，应尽可能使大多数人了解、认知，甚至直接产生行动——购买产品，自然要让众多

的人知道并参与这个活动，才能达到宣传和销售的目的。因此，必须要将活动通知最大面积地散播出去，这就需要广告的配合，发布活动通告常用的方式有活动招贴、电视字幕预告、报贴、海报、包装物上印刷活动通告（如台卡、立牌等）。而且在发布活动通告的同时进行产品功能机理的宣传，比纯粹的产品广告更引人关注且有效果。

3．组织分工到位

一般促销活动的执行，分前期准备、活动执行、活动后监控三个阶段，环环相扣，一个细节的不慎或疏忽就会使活动全盘失败，所以必须要求促销活动执行人员有高度的责任心和协作性，要求活动指挥者具有大局观和周密细致的布置安排，在进行分工时能做到环环紧扣，分工明确。

（1）活动准备期事项。具体如下：

① 政府公关。

② 活动通告的发布（新闻媒体、户外宣传、小报投递等）。

③ 活动用的宣传品及礼品准备。

④ 货物准备。

⑤ 活动现场的提前勘测与布置。

⑥ 参与活动的医生、促销人员、业务人员的分工与培训。

⑦ 与各销售终端进一步联系沟通，力争使产品陈列面宽、展位突出、营业员能进行正面导购，并在终端包装上下功夫，烘托销售氛围。

⑧ 提前约请新闻媒体进行活动采访并报道。

（2）活动执行事项。具体如下：

① 提前布置好现场，安排好桌椅摆放、货物堆列，制作好彩旗、横幅、展板、海报及其他宣传品，做到活动现场气氛浓烈、庄重。

② 人员分工明确。有专人接待有关邀请的人员，将品尝品和销售品分开，有专人收钱售货，专人发放品尝品，专人维持现场秩序，专人散发宣传品并注意现场卫生。另外，有专人负责活动现场指挥，监控全局、现场调度等事务。

③ 促销人员应仪态端庄、大方，人人均有对人

流引导和产品介绍的义务,每人均有维持现场秩序、环境卫生的义务。因此,促销及业务、宣传人员均需要熟知产品知识,了解目标人群,以便向消费者作诚恳、理性的产品介绍。

④ 有义诊医生时,应注意医生的遮阳（夏）、避风（冬季）,及时给医生送水、送餐,让医生向消费者进行产品推荐。

⑤ 可将优惠销售、产品品尝或赠送作为维持现场气氛的手段。

⑥ 活动结束时,即时清货、清款、清场,并打扫卫生。

（3）活动后期工作。具体如下:

① 追踪各新闻媒体报道并录像、留样。

② 进一步加强终端建设工作。

③ 密切关注活动后终端走货状况,适当调整广告投放频率及规模。

④ 完成活动总结报告。

4．现场气氛到位

促销活动的现场气氛主要依靠宣传品布置、人员形象、现场组织来营造。现场气氛的优劣,直接决定了活动的引人注目性、销售量的大小及宣传效果,因此不容忽视。

（1）现场宣传品。具体如下:

① 横幅。要有主横幅（活动主题）一至两条,产品横幅（功效及特点）数条。如在节日促销,则需用祝福横幅数条,除主横幅尺寸可大一些,其余横幅均要求色标一致、字体统一、长宽一样、悬挂高度基本一致,横幅间距应相当,并具备醒目的视觉效果。

② 彩旗。不同色彩的彩旗应间插,但字体、字号要相同,距离相当,对活动桌椅、人员区形成半弧形包围或矩阵包围。

③ 展板。展板应摆放在活动用桌椅两侧或斜前方,可用展板表述下列内容：产品介绍、企业简介、活动须知等。

④ 桌椅。桌椅摆放应整齐有序,统一使用专业促销台。

⑤ 其他。现场可将小挂旗、海报用绳子连成一串悬挂,以便烘托气氛。

（2）人员形象（市场部业务人员全部身着公司统一制服）。具体如下:

① 发放宣传品的人员必须要有礼貌,不能胡乱把宣传品塞给消费者,而是面带笑容地说一声:"您好,某某产品优惠促销。"同时用手指向活动现场。

② 礼仪人员应佩挂绶带。大型活动时礼仪人员可穿着礼仪服装（不特别要求穿公司促销服装）,以显示隆重气氛。

③ 产品介绍时,销售人员站、坐要端正,要耐心、细致、诚恳地回答消费者的问题并与之交流,不得互相聊天或躺、趴在桌子上,除喝水外,吃饭等须避开现场并轮流至别处完成。

④ 若有医护人员,应请他们统一穿白大褂。

（3）现场组织。具体如下。

现场组织与调度人员主要有以下职责。

① 让现场人群整齐有序。

② 监督指导宣传人员及礼仪人员工作。

③ 现场促销及宣传气氛的把握。

④ 货物、品尝品的发放指导及调配。

⑤ 政府主管部门与新闻媒体部门人员的接待与引导。

5．新闻报道到位

公益性活动的新闻预告,以及各种活动后的新闻报道和评述要及时处理好,这将有利于提升企业与产品的形象。

商店卖场做促销活动的最终目的就是提高销量、追求利润最大化,因此把握好以上促销要点,整个活动策划方案才会有实际意义。根据实际促销的情况,应及时发现方案存在的问题并及时做出调整,保证达到预期效果。总之,在目前新的经济形势下,需要对促销进行重新定位与评估。消费者的个性化与消费市场的分众化要求我们在促销策略与促销内容上有所创新的同时,还应配以一个科学高效的管理系统,从而达到促销活动的最终目的,即在短时间内把销量做到最大化。

思考练习题

1. 商店卖场有哪些广告种类？

2. 策划一个新超市的开业广告，要求图文并茂。

第6章
部分类别商业空间的设计案例介绍

6.1 案例一：鼎和大酒店

设计单位：湖南思艺堂装饰设计有限公司、湖南新思域装饰设计有限公司

设计师：叶志彬、周翮宇

工程地址：郴州

面积：36000m²

主要用材：大理石、地砖、墙纸、地毯、饰面板等

鼎和大酒店是一家按照四星级标准建造的豪华商务休闲度假酒店，位于郴州市福城区天龙站东侧，107国道与万华大道交汇处，具有优良的地理位置。

鼎和大酒店楼高12层，建筑装潢气派典雅，拥有各类客房共138间（套），格调温馨和谐、宽敞明亮；设有中、西餐厅，美食荟萃、风味独特；配套有功能先进、设施齐备的多功能会议厅，能够满足各种商务会议的需求。二楼鑫瑞休闲中心设有桑拿、沐足、美发服务项目。

设计主题：中国传统文化中有许多关于"和为贵""和气生财""家和万事兴"的思想和语言。早在2300多年前，先秦思想家孔子就强调"礼之用，和为贵"，重视建立融通的人际交往、有序的社会秩序、和谐的社会关系。凡事以和为贵，事和通达，人和业成。创业求"和"，做事求"和"，家庭和睦、关系和谐已经成为人们的共同愿望，所以"和"为贵。

在中国古典哲学中，"和"与"同"是不一样的，"和而不同""和实生物，同则不继"，所以"和"包含"异"，即承认差异和差别。两千多年前，孔子就提出了"君子和而不同"的思想。和谐又不千篇一律，不同又不相互冲突。和谐以共生共长，不同以相辅相成。和而不同，是社会事物和社会关系发展中的一条重要规律，也是人们处世行事应该遵循的准则，是人类各种文明发展的真谛。正是因为"和"有丰富的含义，所以本设计的主题以"和"为中心。

该方案一层的总平面图如图6-1所示，一层的天花图如图6-2所示，一层的立面图如图6-3～图6-5所示，各种效果图如图6-6～图6-10所示。

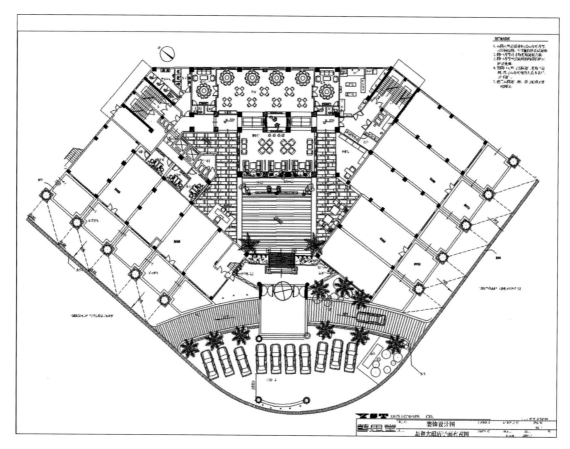

⊕ 图6-1 （一层总平面图）

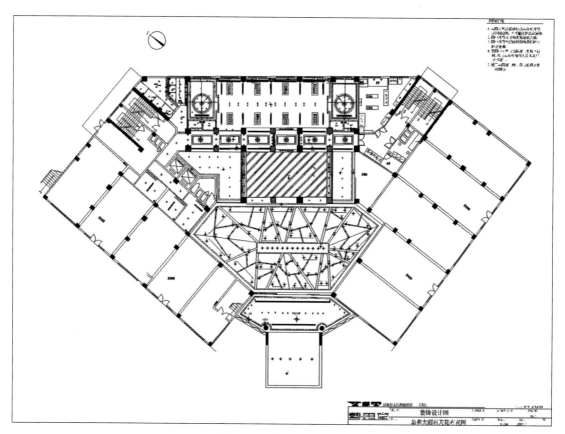

⊕ 图6-2 （一层天花图）

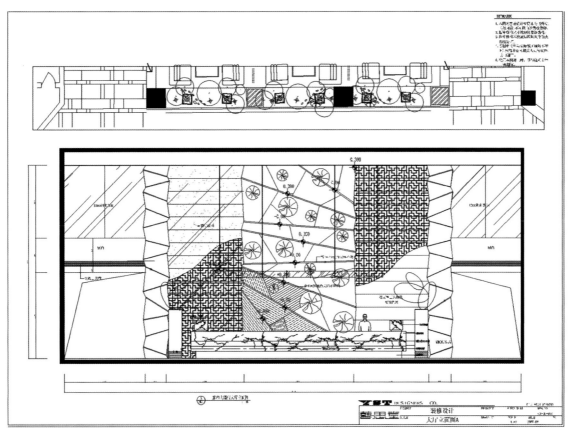

🔆 图6-3 （一层立面图一）

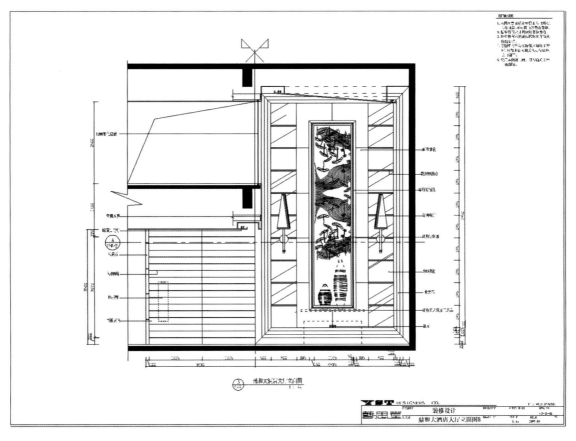

🔆 图6-4 （一层立面图二）

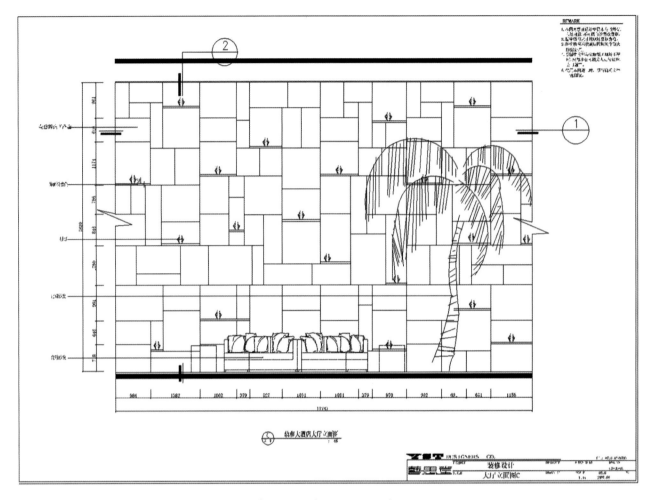

图6-5 （一层立面图三）

图6-6 （宾馆大堂效果图）

✚ 图6-7　（宾馆套间会客厅效果图）

✚ 图6-8　（宾馆餐厅效果图）

✚ 图6-9　（宾馆会议室效果图）

⊕ 图6-10　（宾馆圆床客房效果图）

6.2　案例二：建材专卖店（顶固定制家具）

设计单位：刘智铭装饰设计有限责任公司

设计师：刘智铭

工程地点：广州佛山

面积：150m²

主要材料：菱形软包、镜面不锈钢、密度板雕刻、科罗拉白色皮革、黑白根大理石、白檀饰面

顶固公司是一家专业与时尚并重的装饰建材家居领导品牌，以为广大消费者打造时尚、品位、舒适、健康的家为己任，先后推出五金、滑动门、生态门、衣柜、实木定制等产品，顶固营销网络现已覆盖全国34个省市自治区（包括港、澳、台），同时销往世界多个国家和地区，标准化终端网点突破1000家。"勤奋、好学、爱心、感恩、协作传承，不找借口，程序为先，不走捷径"是顶固公司的核心价值观。顶固的产品从简单到繁杂、从整体到局部都给人一丝不苟的印象，典雅和谐与新古典主义的大方、宽容的气度不谋而合。因此将顶固定制家具的专卖店设计为新古典主义风格，将怀古的浪漫情怀与现代人对生活的需求相结合。本案的特点在于现代时尚和新古形态的联姻，伴随着诸多变化，演绎不断延伸的空间体验，层次分明清晰，通过丰富的设计元素以及丰富的材质体现，人们深入其中，拥有强烈的感染力和视觉识别效果，不同的价值观、不同偏好的人都能够从这套设计作品中得到体验。公共空间配饰是整体风格的重要组成因素。在顶固专卖店新古典风格的基础上，通过选择最适合的软装，层次分明、清晰将各大类家具产品进行统一规划、协调组织，在演绎不断延伸的空间体验的同时，完美融合在一个空间，形成顶固终端店面独特的风格气质，这种深度是通过人们的触觉、听觉、视觉、嗅觉等感观系统来体会的，凸显大气时尚温馨的极具品味的格调，完美树立了顶固高端品牌形象（图6-11～图6-18）。

图6-11　（平面图）

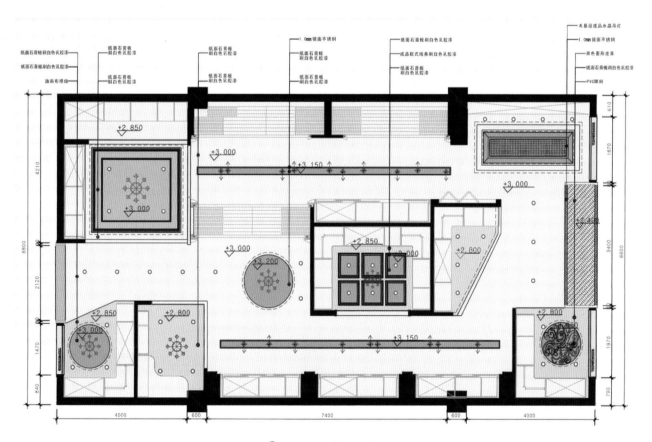

图6-12　（天花图）

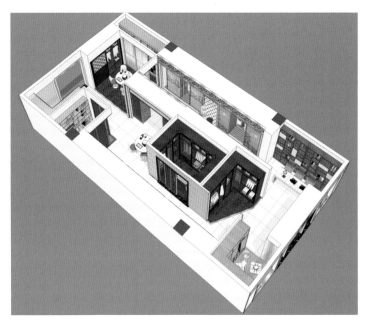

⊕ 图6-13 （鸟瞰图）

⊕ 图6-14 （外门头）

⊕ 图6-15 （衣柜展示）

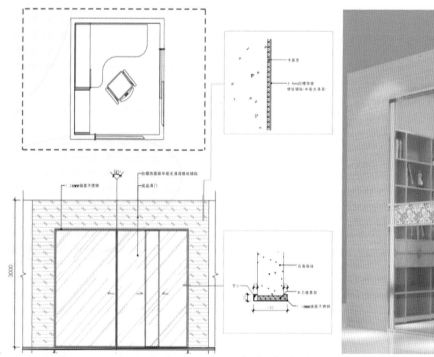

图6-16 （书柜展示）

图6-17 （更衣间展示区及软装搭配）

图6-18　（橱窗展示区及软装搭配）

6.3　案例三：服装专卖店——射手座名品

设计单位：广西华尔兄弟设计工程有限公司

设计师：区乐恒

工程地址：广西南宁

面积：200m²

主要用材：艺术地砖、地坪漆、大理石、钢化玻璃、胡桃木等

该方案原始平面图如图 6-19 所示，电路灯具布置图如图 6-20 所示，门面及门厅立面图如图 6-21 所示，收银吧台如图 6-22 所示，模特椅底座如图 6-23 所示，各种效果图如图 6-24 ～图 6-30 所示。

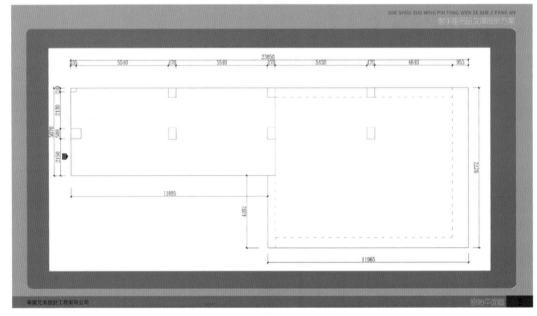

图6-19　（原始平面图）

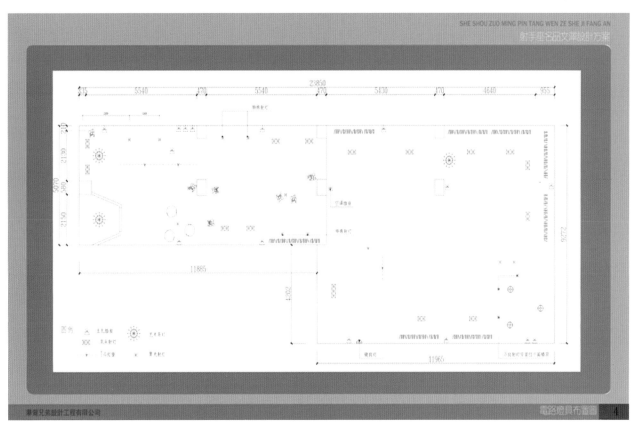

⊕ 图6-20　（电路灯具布置图）

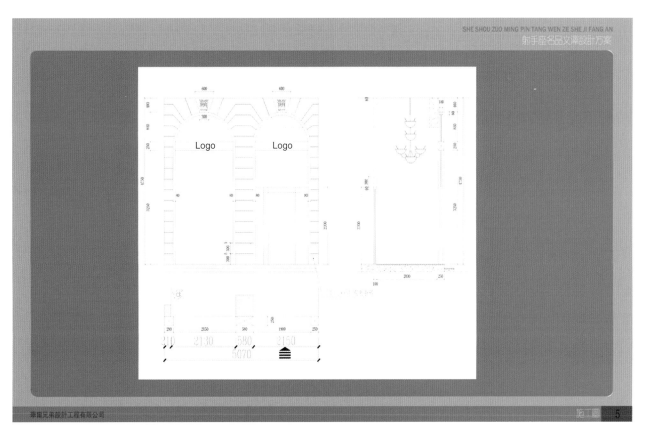

⊕ 图6-21　（门面及门厅立面图）

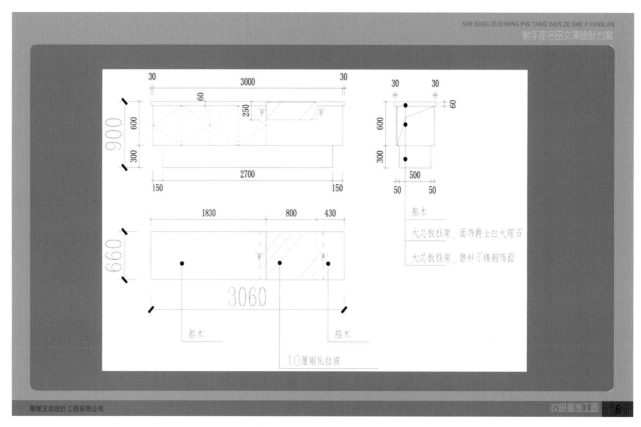

⊕ 图6-22 （收银吧台）

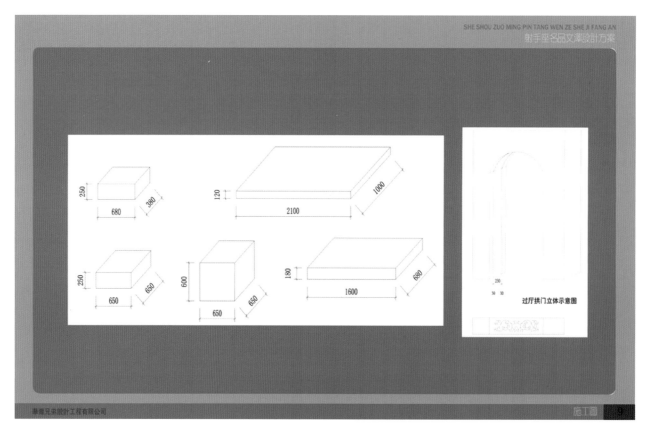

⊕ 图6-23 （模特椅底座）

⊕ 图6-24 （卖场效果图一）

⊕ 图6-25 （卖场效果图二）

⊕ 图6-26 （卖场效果图三）

⊕ 图6-27 （卖场效果图四）

❶ 图6-28 （卖场效果图五）

❶ 图6-29 （卖场效果图六）

↑ 图6-30 （卖场效果图七）

6.4 案例四：欢乐颂 KTV

设计单位：深圳市朗昇环境艺术设计有限公司

设计师：袁静

工程地址：深圳

面积：4000m²

主要用材：大理石、地砖、涂料等

KTV 可以给人们带来欢乐、自由和激情，但在大部分人的眼里，更多体现的是一种负面的、灰色的、阴暗的形象，是一个充满着打斗、毒品、疯狂且没有理智、没有安全的地方。但欢乐颂 KTV 的主人立志在深圳打造一家十分阳光的量贩式 KTV。何谓阳光式 KTV？即在整体设计处理上，有意回避那种常规的光怪陆离、鬼魅妖娆的设计手法，而追求一种明朗、欧式、古典、豪华的效果，从而使 KTV 具有健康、清新、欢快、阳光的氛围。

本 KTV 命名为"欢乐颂"，顾名思义，是要给普天大众带来欢乐、愉快的享受，其定位是在繁华都市中，为忙碌的白领们在工作之余获得放松、休闲、快乐的娱乐场所。本方案从建筑外观、入口及大堂处等形象设计上，色彩应用大胆丰富，造型富于变化，装饰充满异域特色，让消费者体会到的是豪而不奢、光明健康、淋漓畅快的鲜明形象，使夜场完全揭去那种欲彰还遮、神出鬼没的神秘面纱。在其内部功能设计上，主要有包房、西餐吧、超市等空间。包房设计分设十种以上不同的面积与层次，以体现出丰富多彩的视听效果，从而满足不同类型客户的需求。西餐吧的设计则是充满着另一种神秘情调，消费者可以在此呼朋唤友、休闲聊天，同时还可以细细品尝无数的美酒与佳肴。

该方案各种效果图如图 6-31 ～图 6-47 所示。

图6-31 （等候区效果图）

图6-32 （KTV服务台效果图）

图6-33 （KTV超市通道效果图）

图6-34 （KTV超市内景效果图）

图6-35 （包房效果图一）

图6-36 （包房效果图二）

⬆ 图6-37 （过道端景效果图）

⬆ 图6-38 （豪华包厢效果图一）

⬆ 图6-39 （豪华包厢效果图二）

⬆ 图6-40 （豪华包厢效果图三）

⬆ 图6-41 （KTV酒吧效果图）

⬆ 图6-42 （KTV卡座效果图）

⊕ 图6-43　（KTV过道效果图）　　　　　　　⊕ 图6-44　（KTV局部效果图）

⊕ 图6-45　（KTV西餐厅效果图）

⊕ 图6-46　（KTV水吧效果图）　　　　　　　⊕ 图6-47　（KTV洗手间效果图）

6.5 案例五：自己人家宴酒楼

设计单位：深圳市朗昇环境艺术设计有限公司

主要设计人员：袁静、钟生

拟稿：邹生

项目地址：深圳福田香蜜湖

项目面积：800m²

主要用材：墙纸、玻璃、黑木纹大理石、灰砖、青石板、防腐木等

本项目位于深圳市香密湖畔,市区唯一的湖景高尔夫景观,环境风光秀丽,景色宜人,空气清新,这也是选址此地的重要原因。本案从土建工作开始做起,在原有的结构基础上,首先要加建厨房,再利用户外露天阳台加建成公共大堂。平面功能布局上,一楼设大包房三间,二楼设七间中、小包房,以满足客户需求。

在做土建期间,客户计划将本酒楼做成潮州精细菜馆,但经过研讨,最终确定做成中式偏现代一点的风格。设计师考察过很多中式酒楼餐厅,最终意见是,别人的风格再好也不是自己的风格,不能走老套路,要有创新才行。既然是做成潮州酒楼,还不如从潮州特色中寻找创意灵感。俗话说,有海水的地方就有潮州人,而居住在深圳的潮州人也特别多,潮州特色也正符合客户的定位需求,因此打造具有潮州特色的酒楼成为大家的设计共识。

很多人都了解中式特色,但对潮州特色却未必了解。设计师同样对潮州文化了解不深,这时便需要重新学习。广东潮州文化是中国传统文化千年来积淀下的一派分支文化,博大精深,独具特色。潮州文化的元素极多,比如潮州方言、潮州戏剧、潮州菜、潮州建筑等,其中潮州建筑与潮州菜是设计师最为关注的潮州文化内容。潮州菜是潮汕地区经过千百年流传下来的地方美食,其选材用料精细,烹饪技艺讲究,风格口味独特。潮州美食中精雕细琢的特点同样也反映在建筑文化之中。潮州现保存有大量的古代民居建筑,也同样具有千年悠久的历史,让潮州人十分自豪。潮州地方有句话叫"潮州厝,皇宫起",可见其豪华程度可与皇宫相比。这些民宅建筑富丽堂皇、造型精美,饱含着浓厚的中国古代儒家文化气息,又代表着潮州传统的建筑特色,因此,设计思路围绕着儒家文化与潮州建筑特色开始进行。

这个酒楼中的石雕、石门框、瓷嵌、雕花、工艺门等都是取材于潮州地方建筑中的元素,造型深具个性与特色。只要到过潮州或者看过相关潮州文史资料的人,一眼就能够识别出来。设计中在使用这些元素时,大胆移植运用,使这些符号穿插于酒楼设计的里里外外,既有传承,又有创新。另外,潮州建筑还有一个最大的特点就是富有书香气息,因此本酒楼也特意贯穿使用了中国古代论语中的十德文化,一方面作为走道装饰,另一方面作为包房的命名,独具个性特点。十德的首五德是仁、义、礼、智、信,次五德是忠、顺、和、善、勇。每一德都从论语中用一相应的源处加以说明。你可能以为这是一种迂腐的做法,其实不是,十德实际上是由孔孟儒家学说发展而来的,是统治中国几千年思想、道德、政治、文化的核心理念之一,至今仍有其积极意义的一面。当今人们因为太关注经济、物质,所以很少关注文化及精神层面的内容,作为一个酒楼,以十德立意,也使酒楼充满丰富的中国传统文化气息,耐人寻味。

本酒楼是深圳一个极为不错的高档就餐及交流的场所,在此或就餐,或看球,或看湖景,或遐想,或谈生意,或高论,均是人生一大乐事,人生至此,岂能不惬意。

该方案各种效果图如图6-48～图6-57所示。

🔶 图6-48　（门头效果图）

⊕ 图6-49　（楼梯效果图）

⊕ 图6-50　（休息区效果图）

⊕ 图6-51　（服务台效果图）

⊕ 图6-52　（过厅效果图）

⊕ 图6-53　（过厅局部效果图）

⬆ 图6-54 （小包厢效果图）

⬆ 图6-55 （大包厢效果图）

⬆ 图6-56 （楼梯口效果图）

⬆ 图6-57 （大厅效果图）

思考练习题

　　寻找其他实际设计案例，分析其特点及实现方法。

第7章
商业空间的设计程序及对
设计师的基本要求

7.1 商业空间的设计程序

商业空间设计根据设计的进程,通常可以分为四个阶段,即设计准备阶段、方案设计阶段、施工图设计阶段和设计实施阶段。

1. 设计准备阶段

该阶段主要是接受委托任务书,签订合同,或者根据标书要求参加投标;明确设计期限并制订设计计划进度,考虑各有关工种的配合与协调;与业主充分交流,明确设计任务和要求,如商业空间的设计规模、功能特点、等级标准、总造价,根据业主的要求所需创造的商业空间环境氛围、文化内涵或艺术风格等;熟悉设计有关的规范和定额标准,收集并分析必要的资料和信息,包括对现场的调查;充分了解商业环境的内容,领会业主或设计要求方的理念及动机,了解资金情况和设计动机。如果是比较大的设计方案,应更加充分地吸收业主之外的更多人士的理念和想法,以便更好地了解设计目的及内容。了解顾客和群众的心态以及人们的生活方式、思维观念。小型的商业空间甚至应了解商品的相关信息,分析顾客的购物心理、行为模式等。

2. 方案设计阶段

方案设计阶段是在设计准备阶段的基础上,进一步收集、分析、运用与设计任务有关的资料与信息,通过构思立意,进行初步方案设计。深入设计阶段要进行方案的分析与比较。最后确定设计方案,提供设计文件。

设计者在进行方案设计时,应详细调查、收集与商业空间有关的资料,主要从实地测量和以顾客为导向两个方面入手。

(1)实地测量:主要包括商业空间的宽度、进深、层高、门窗的高宽、柱径等准确尺度,了解商业空间的承重结构状况。建筑物的结构变化直接影响商业空间方案的设计和深化,特别是改造部分或图纸资料不齐的商业建筑结构,对于结构系统的把控便显得更加重要。

(2)以顾客为导向:商业空间设计的目的是通过创造商业空间环境为顾客服务,设计者始终需要把顾客对商业环境的要求,包括物质和精神需求两方面放在设计的首位。

只有广泛地搜集资料,了解各方面的相关信息,如周围的环境和历史文化等(如图7-1~图7-3所示),才能做到设计之前胸有成竹,才能拿出优秀的设计方案。而对资料的收集和整理则是消化和吸收各类建议,充分了解市场和设计主旨,酝酿设计方案的关键环节。

↑ 图 7-1

⊕ 图 7-2

⊕ 图 7-3

将设计方案的大体框架和基调确定下来，并将做出的多个方案进行比较，从而选出最为适合的方案进行规划和设计。大量的图纸和设计构思是设计师的主要作业内容。

抛开先入为主的意识，反复与业主及同行进行交流。因为方案的初始阶段肯定存在很多不够完善之处，应充分接受和采纳来自各方的意见及建议，再次进行深入分析并确定方案。

3．施工图设计阶段

施工图设计阶段需要补充施工所必需的有关平面布置、室内立面和天花板等的图纸，还包括构造节点详图、细部大样图以及设备管线图、编制施工说明等内容。通常包括以下图。

（1）效果图。

（2）平面图、线路图或天花板图，常用比例为 1∶50 和 1∶100。

（3）立面图，常用比例为 1∶20 和 1∶50。

（4）细部大样图。

（5）设备管线图。

4．设计实施阶段

设计实施阶段是指工程的施工阶段。工程在施工前，设计人员应向施工单位进行设计意图说明及进行图纸的技术交底。工程施工期间需按图纸要求核对施工实况，有时还需根据现场实况提出对图纸的局部修改或补充。施工结束时，应进行工程验收。

为了使设计取得预期效果，商业空间设计人员必须抓好设计各阶段的环节，充分重视设计、施工、材料等各方面，并熟悉、重视与原建筑物的建筑设计、设施设计的衔接，同时还须协调好与业主和施工单位之间的相互关系，在设计意图和构思方面要取得共识，以期取得理想的商业空间设计效果。

7.2　对商业设计师的基本要求

1．商业设计的职业定位

商业设计是一种实用的、以视觉艺术为主的空间设计，需要设计师投入大量的精力，深入细致地了解商业公司、商品以及相关信息，精心策划、安排场地布局、标新立异地设计展台，以创造性的艺术表现手法来满足商品陈列的要求以及顾客的购物欲望。具体包括对商品信息的了解、陈列方式和物品的布局设计，并能现场指导安装人员，如图 7-4 ～图 7-6 所示。

2．基本素质及职业要求

优秀的商业空间设计能使商品更显档次，并具有吸引力。给顾客留下深刻印象的设计，不仅可以树立商业或企业的形象，还应负责传达商品的具体信息和企业的理念。

（1）所需专业人才。室内设计专业或环境艺术专业毕业，经过专业培训，合格后并持有相关资格证书，对商业建筑的各种功能具有鉴赏、分析等能力。

✿ 图　7-4

✿ 图　7-5

✿ 图　7-6

（2）能看懂各种土建施工图纸，除了结构施工图纸外，对给排水（上、下水）工程图、采暖工程图、

通风工程图、电气照明与消防工程图等都有一定的了解，这样可以避免商业空间设计与土建设施发生冲突。具备结构力学和材料力学知识，以保证公众和商品的安全。熟练掌握商业空间设计的基本流程，能独立完成设计，了解基本的设计和施工方法。

（3）熟练掌握各种设计软件，包括 AutoCAD、Photoshop、3ds Max、CorelDRAW、Illustrator 等，能熟练运用软件进行制图（土建制图、机械制图），能熟练地画出符合国家规范的设计图和施工图。其中包括平面图、立面图、剖面图、透视效果图及施工大样图等。

（4）了解商业空间设计所运用的材料，能灵活组合运用材料，并能充分利用各种可能的要素，例如，陈列柜的形式、材料、空调、光线、色彩和其他装潢用品，不断给顾客以新鲜感，刺激其好奇心，使人们对商品产生兴趣，进而产生购买的愿望。

（5）沟通、协调能力。因为商业空间设计一定需要得到别人的认同，不只是把图画出来就可以了，一套完整的设计流程里，设计只是其中的一个环节，作为一名设计师，需要与顾客去交流，展示设计师的设计思想，这就需要很强的沟通协调能力。

（6）对美的鉴赏能力。

（7）对品牌、客户有深刻理解的能力，有独特的创意能力及团队合作精神，对市场比较敏感。设计人员一定要了解消费者的需求，做商业设计不是艺术家画美术作品，商业设计师必须要参加市场调研，还要学会看市场调研的数据和报告。

思考练习题
设计师应该具备哪些素质？结合自身情况谈谈对专业学习的看法和对自己的要求。

参 考 文 献

[1] 张绮曼,郑曙旸. 室内设计资料集 [M]. 北京：中国建筑工业出版社，1991.

[2] 张青萍. 室内环境设计 [M]. 北京：中国林业出版社，2003.

[3] 张绮曼. 室内设计的风格样式与流派 [M]. 北京：中国建筑工业出版社，2000.

[4] 张绮曼,潘吾华. 室内设计资料集 2[M]. 北京：中国建筑工业出版社，1999.

[5] 张绮曼. 环境艺术设计与理论 [M]. 北京：中国建筑工业出版社，1996.

[6] 约翰·D. 霍格. 伊斯兰建筑 [M]. 杨鸣昌,译. 北京：中国建筑工业出版社，1999.

[7] 《家居主张》编辑部. 居住的艺术 [M]. 上海：上海辞书出版社，2007.

[8] 斯蒂芬·利特尔. 流派（艺术卷）[M]. 祝帅,译. 北京：生活·读书·新知三联书店，2008.

[9] 左家奇. 简明艺术欣赏教程 [M]. 北京：机械工业出版社，2007.

[10] 邢瑜. 室内设计基础 [M]. 合肥：安徽美术出版社，2007.

[11] 郭承波. 中外室内设计简史 [M]. 北京：机械工业出版社，2007.

[12] 罗小未,蔡琬英. 外国建筑历史图说 [M]. 上海：同济大学出版社，2005.

[13] 徐勤. 设计概论 [M]. 北京：清华大学出版社，2007.

[14] 左力光. 民居建筑 [M]. 乌鲁木齐：新疆美术摄影出版社，2006.

[15] 朱丹,郭玉良. 家具设计 [M]. 北京：中国电力出版社，2008.

[16] 余肖红,李江晓. 古典家具装饰图案 [M]. 北京：中国建筑出版社，2008.

[17] 杨玮娣. 家具设计分析与应用 [M]. 北京：中国水利水电出版社，2007.

[18] http://www.99265.com/Article/sjxt/jzsj/200803/10845_5.html.

[19] http://www.a963.com/pg/designer/worksdetail.php?id=7300.

[20] http://images.google.cn/images.

[21] http://www.szzs.com.cn/.

[22] http://blog.arting365.com/html/32/332-937.html.